北京课工场教育科技有限公司 出品

新技术技能人才培养系列教程

Web 全栈工程师系列

HTML5+CSS3
开发实战

肖睿 邓小飞／主编

唐桂林 倪天伟 李新友／副主编

U0381928

人民邮电出版社

北 京

图书在版编目（CIP）数据

HTML5+CSS3开发实战 / 肖睿，邓小飞主编. -- 北京：
人民邮电出版社，2018.12（2023.6重印）
新技术技能人才培养系列教程
ISBN 978-7-115-49335-4

Ⅰ.①H… Ⅱ.①肖… ②邓… Ⅲ.①超文本标记语言
－程序设计－教材②网页制作工具－教材 Ⅳ.
①TP312.8

中国版本图书馆CIP数据核字(2018)第209985号

内 容 提 要

本书紧密围绕互联网行业发展对 Web 前端开发工程师岗位技术与能力的要求，介绍如何使用
HTML5+CSS3 进行网页布局，完成各类网站特效和流行 HTML5 网页游戏的开发。

本书共 8 章，主要内容包括初识 HTML5、HTML5 表单、CSS3 应用、CSS3 高级应用、使用 CSS3
制作动画、HTML5 媒体元素、Canvas 基础和 Canvas 高级应用。

为保证学习效果，本书紧密结合实际应用，使用新增的 HTML5 标签、属性以及表单元素实现
页面布局，通过 CSS3 新特性进一步美化网页，完成 CSS3 2D 和 3D 转换、CSS3 动画和过渡，以及
用 Canvas 实现炫酷的效果，利用多媒体知识实现网页中视频及音频的播放，最后提供了和实际开发
接近的项目案例——风景时钟的制作。

本书可以作为计算机相关专业的教材，也可以作为 Web 前端程序设计入门及深入学习的参考资
料，同时可以作为面向就业的实习实训教材。

◆ 主　　编　肖　睿　邓小飞

　　副 主 编　唐桂林　倪天伟　李新友

　　责任编辑　祝智敏

　　责任印制　马振武

◆ 人民邮电出版社出版发行　　北京市丰台区成寿寺路 11 号

　　邮编　100164　　电子邮件　315@ptpress.com.cn

　　网址　http://www.ptpress.com.cn

　　山东百润本色印刷有限公司印刷

◆ 开本：787×1092　1/16

　　印张：11.75　　　　　　　　　　2018 年 12 月第 1 版

　　字数：263 千字　　　　　　　　2023 年 6 月山东第 11 次印刷

定价：38.00 元

读者服务热线：(010)81055256　印装质量热线：(010)81055316
反盗版热线：(010)81055315
广告经营许可证：京东市监广登字 20170147 号

Web 全栈工程师系列

编 委 会

序　言

丛书设计

随着"互联网+"上升到国家战略，互联网行业与国民经济的联系越来越紧密，几乎所有行业的快速发展都离不开互联网行业的推动。而随着软件技术的发展以及市场需求的变化，现代软件项目的开发越来越复杂，特别是受移动互联网影响，任何一个互联网项目中用到的技术，都涵盖了产品设计、UI 设计、前端、后端、数据库、移动客户端等各方面。而项目越大、参与的人越多，就代表着开发成本和沟通成本越高，为了降低成本，企业对于全栈工程师这样的复合型人才越来越青睐。目前，Web 全栈工程师已是重金难求。在这样的大环境下，根据企业人才的实际需求，课工场携手 BAT 一线资深全栈工程师一起设计开发了这套"Web 全栈工程师系列"教材，旨在为读者提供一站式实战型的全栈应用开发学习指导，帮助读者踏上由入门到企业实战的 Web 全栈开发之旅！

丛书特点

1．以企业需求为设计导向

满足企业对人才的技能需求是本丛书的核心设计原则，为此课工场全栈开发教研团队，通过对数百位 BAT 一线技术专家进行访谈、上千家企业人力资源情况进行调研、上万个企业招聘岗位进行需求分析，从而实现对技术的准确定位，达到课程与企业需求的强契合度。

2．以任务驱动为讲解方式

丛书中的知识点和技能点都以任务驱动的方式讲解，使读者在学习知识时不仅可以知其然，而且可以知其所以然，帮助读者融会贯通、举一反三。

3．以边学边练为训练思路

本丛书提出了边学边练的训练思路：在有限的时间内，读者能合理地将知识点和练习融合，在边学边练的过程中，对每一个知识点做到深刻理解，并能灵活运用，固化知识。

4．以"互联网+"实现终身学习

本丛书可配合使用课工场 App 进行二维码扫描，观看配套视频的理论讲解、PDF 文档，以及项目案例的炫酷效果展示。同时课工场在线开辟教材配套版块，提供案例代码及作业素材下载。此外，课工场也为读者提供了体系化的学习路径、丰富的在线学习资源以及活跃的学习交流社区，欢迎广大读者进入学习。

读者对象

1．大中专院校学生
2．编程爱好者
3．初级程序开发人员
4．相关培训机构的老师和学员

致谢

本丛书由课工场全栈开发教研团队编写。课工场是北京大学优秀校办企业，作为国内互联网人才教育生态系统的构建者，课工场依托北京大学优质的教育资源，重构职业教育生态体系，以学员为本，以企业为基，构建"教学大咖、技术大咖、行业大咖"三咖一体的教学矩阵，为学员提供高端、实用的学习内容！

读者服务

读者在学习过程中如遇疑难问题，可以访问课工场在线教育平台，也可以发送邮件到 ke@kgc.cn，我们的客服专员将竭诚为您服务。

感谢您阅读本丛书，希望本丛书能成为您踏上全栈开发之旅的好伙伴！

"Web 全栈工程师系列"丛书编委会

前　言

随着新一代互联网技术的迅猛发展，各种前端开发技术层出不穷。如何设计开发出更加优秀的网页、如何提高用户体验，已经成为前端开发工程师工作中追求的目标。HTML5+CSS3 技术就是为了满足这样的目标而诞生的。

本书内容分为 4 个部分，共 8 章，即 HTML5 新技能、CSS3 设计网页效果、多媒体技术以及 Canvas 绘图技能，具体内容安排如下。

第一部分（第 1～2 章）：介绍 HTML5 新增的元素及属性、CSS3 高级选择器，能够使用 HTML5 新增的 input 类型完成表单的页面布局，使用表单属性实现页面中的表单验证功能，从而使网页设计人员可以更省时省力地设计出标准、精美的 Web 页面。

第二部分（第 3～5 章）：介绍 CSS3 边框、背景、渐变、文本等美化网页的新特性，通过 CSS3 2D 和 3D 转换、CSS3 动画和过渡实现更加炫酷的效果，增强用户体验。

第三部分（第 6 章）：针对多媒体技术进行讲解，主要介绍视频及音频元素的语法和使用方法，通过打造个性化视频案例，提升多媒体知识的运用技能，增强网页的体验性。

第四部分（第 7～8 章）：介绍 Canvas 绘图知识，主要分为 Canvas 基础和 Canvas 高级应用。基础部分介绍使用 Canvas API 实现简单图形，比如三角形、圆形、矩形等的绘制；高级部分介绍使用 Canvas API 绘制较复杂的图形，比如渐变、文本、图像等，最后贯穿所学知识由浅入深地讲解风景时钟案例的制作。

学习方法

学习本书需要掌握正确的学习方法，养成课前预习、课上练习、课后复习的好习惯，做到持之以恒，定能学有所成，从而使读者完成从不会→会→熟练→精通的蜕变。学完本书后，读者能够掌握 HTML5+CSS3 制作网页的技巧，快速熟练地打造精美、炫酷的网页。

课前：
- 浏览预习作业，带着问题读教材，并记录疑问。
- 即使看不懂也要坚持看完。
- 提前将下一章的示例自己动手做一遍，记下问题。

课上：
- 认真听讲，做好笔记。
- 完成上机练习或项目案例。

课后：

- 及时总结，完成教材布置的作业。
- 多模仿，多练习。
- 多浏览技术论坛、博客，获取他人的开发经验。

本书提供了更加便捷的学习体验，读者可以通过扫描二维码的方式下载书中的上机练习素材及作业素材。

本书由课工场全栈开发教研团队组织编写，参与编写的还有邓小飞、唐桂林、倪天伟、李新友、王莉等院校老师。尽管编者在写作过程中力求准确、完善，但书中不妥或错误之处仍在所难免，殷切希望广大读者批评指正！

智慧教材使用方法

由课工场"大数据、云计算、全栈开发、互联网 UI 设计、互联网营销"等教研团队编写的系列教材，配合课工场 App 及在线平台的技术内容更新快、教学内容丰富、教学服务反馈及时等特点，结合二维码、在线社区、教材平台等多种信息化资源获取方式，形成独特的"互联网+"形态——智慧教材。

智慧教材为读者提供专业的学习路径规划和引导，读者还可体验在线视频学习指导，按如下步骤操作可以获取案例代码、作业素材及答案、项目源码、技术文档等教材配套资源。

1. 下载并安装课工场 App。

（1）方式一：访问网址 www.ekgc.cn/app，根据手机系统选择对应的课工场 App 进行安装，如图 1 所示。

图1　课工场App

（2）方式二：在手机应用商店中搜索"课工场"，下载并安装对应 App，如图 2、图 3 所示。

2. 登录课工场 App，注册个人账号，使用课工场 App 扫描书中二维码，获取教材配套资源，依照图 4 至图 6 所示的步骤操作即可。

图2　iPhone版手机应用下载

图3　Android版手机应用下载

---

3. 变量

前面讲解了 Java 中的常量，与常量对应的就是变量。变量是在程序运行中其值可以改变的量，它是 Java 程序的一个基本存储单元。

变量的基本格式与常量有所不同。

变量的语法格式如下。

[访问修饰符] 变量类型 变量名 [= 初始值];

变量

➢ "变量类型"可从数据类型中选择。

➢ "变量名"是定义的名称变量，要遵循标识符命名规则。

➢ 中括号中的内容为初始值，是可选项。

示例 4

使用变量存储数据，实现个人简历信息的输出。

分析如下。

（1）将常量赋给变量后即可使用。

（2）变量必须先定义后使用。

图4　定位教材二维码

图5 使用课工场App"扫一扫"扫描二维码　　　图6 使用课工场App免费观看教材配套视频

3．获取专属的定制化扩展资源。

（1）普通读者请访问 http://www.ekgc.cn/bbs 的"教材专区"版块，获取教材所需开发工具、教材中示例素材及代码、上机练习素材及源码、作业素材及参考答案、项目素材及参考答案等资源（注：图 7 所示网站会根据需求有所改版，仅供参考）。

图7 从社区获取教材资源

（2）高校老师请添加高校服务 QQ：1934786863（如图 8 所示），获取教材所需开发工具、教材中示例素材及代码、上机练习素材及源码、作业素材及参考答案、项目素材及参考答案、教材配套及扩展 PPT、PPT 配套素材及代码、教材配套线上视频等资源。

图8 高校服务QQ

目　录

第 1 章

初识 HTML5

本章任务

任务 1： 了解 HTML5 的优势
任务 2： HTML5 新增元素及属性
任务 3： CSS3 高级选择器

技能目标

❖ 了解 HTML5 的简介及优势
❖ 掌握 HTML5 新增的结构元素、网页元素及全局属性
❖ 能够熟练使用 CSS3 高级选择器美化网页

从 2010 年起，HTML5 和 CSS3 就已经成为互联网技术一直关注和讨论的话题，1999年 HTML4 就停止开发了，直到 2008 年 1 月 22 日 HTML5 才公布了第一份正式草案。2010年，HTML5 开始用于解决实际问题，各大浏览器厂商开始升级自己的产品以支持 HTML5的新功能。尽管有时候浏览器对其支持得不是很好，但大部分现代浏览器都已经支持了HTML5。现在 HTML5 已经广泛应用于网站制作、游戏开发、移动应用开发等各个领域。

目前 HTML5 技术已经日趋成熟，支持 HTML5 的浏览器包括 Firefox（火狐浏览器）、IE9 及其更高版本、Chrome（谷歌浏览器）、Safari、Opera 等，国内的傲游浏览器（Maxthon），以及基于 IE 或 Chromium（Chrome 的工程版或称实验版）所推出的 360 浏览器、搜狗浏览器、QQ 浏览器、猎豹浏览器等同样支持 HTML5。随着谷歌、Twitch、YouTube 等大型企业将视线投向 HTML5，更加确认了 HTML5 在互联网时代的发展前景。在不久的将来，HTML5 将会与我们的工作生活息息相关，HTML5 不仅在 PC 端，在移动端上更是有着广泛的应用和发展前景。

预习作业

1. 简答题

（1）什么是 HTML5？HTML5 有哪些优势？
（2）在 HTML5 中，新增加的结构元素有哪些？
（3）在 HTML5 中，新增加的全局属性有哪些？

2. 编码题

使用 HTML5 新增加的结构元素搭建页面框架，要求如下。
（1）设置一个 500px 宽，700px 高的大盒子。
（2）大盒子拆分为三块，结构为上中下。
（3）分别使用不同的结构标签布局页面。

任务 1 了解 HTML5 的优势

HTML5 是用于取代 1999 年制订的 HTML4.01 和 XHTML1.0 标准的 HTML 标准版本，它首先强化了 Web 网页的表现性能，其次追加了本地数据库等 Web 应用的功能。HTML5 实际上指的是包括 HTML、CSS 和 JavaScript 在内的一整套技术组合，它希望减少浏览器对于需要插件的丰富性网络应用服务（Rich Internet Application，RIA），如 Adobe Flash、Microsoft Silverlight 与 Oracle JavaFX 的需求，并且提供更多能有效增强网络应用的标准。

HTML5 具有如下特性。

➤ 跨平台

HTML5 可以运行在 PC 端、iOS 或 Android 移动设备端，只要有一个支持 HTML5 的浏览器即可运行。

➤ 兼容性

如果读者以前做过 Web 前端开发，就会了解 Web 兼容性（尤其是 IE6）多么让人崩溃，几乎要为每一个浏览器做兼容处理。但是 HTML5 趋于成熟，只要浏览器支持 HTML5 就能实现各种效果，开发人员不需要再写浏览器判断之类的代码。

➤ 各大浏览器厂商的支持

下面使用 WebStorm 工具创建两个文件，一个是 HTML5 文件（左边），另一个是 HTML4 文件（右边），如图 1.1 所示。

通过图 1.1 的对比，可以看到 HTML5 的结构要简洁得多。在其他方面 HTML5 也有很多变化，后续的学习中会一一讲解到。

图1.1　HTML5与HTML4的对比

任务 2　HTML5 新增元素及属性

1.2.1　HTML5 新增结构元素

　　了解过 HTML 的人都知道，一个页面是由许多元素按一定的顺序组合实现的，但是在早先的 HTML 版本中并没有具实际意义的元素。一般是通过 div、table 等元素来确定布局和功能，并通过 class、id 等选择器来表示其实际意义，这样在页面结构的理解以及搜索引擎的优化上都有或多或少的缺陷。为了解决以上问题，HTML5 在 HTML4 的基础上进行了大量的修改，下面我们就来学习 HTML5 新增的功能。

　　在具体学习之前先来分析一下当当网图书分类页面结构，如图 1.2 所示。

图1.2　当当网图书分类页面

　　由图 1.2 中的方框标注可以看出，该页面是由上、中、下三部分组成的，中间部分又由左中右的结构组成。如果用 HTML4 实现，需要使用示例 1 所示的代码。

示例 1

```
<!DOCTYPE html>
<html lang="en">
<head>
    <meta charset="UTF-8">
    <title>HTML5 页面结构</title>
</head>
<body>
    <!--页面容器-->
    <div id="head">网页头部</div>
    <div id="container">
        <div>左边栏</div>
        <div>中间主题部分</div>
        <div>右边栏</div>
    </div>
    <div id="footer">网页底部</div>
</body>
</html>
```

　　上述代码没有任何错误，在任何浏览器和环境中都能正确运行，并且能得到想要的结果，而且绝大部分的开发人员也是这样设计的。但是对于浏览器来说，所知道的只有一系列的 div，具体做什么，在哪里显示，都是通过 id 来获取的。如果开发人员不同，id 的命名也不同，就会导致 HTML 代码的可读性很差。

　　使用 HTML5 新增的结构元素可以很好地定位标记，明确某标记在页面中的位置和作用，如示例 2 所示。

示例 2

```
<!DOCTYPE html>
<html lang="en">
<head>
    <meta charset="UTF-8">
    <title>HTML 新增元素</title>
</head>
<body>
    <!--页面容器-->
    <header>网页头部</header>
    <article>
        <aside>左边栏</aside>
        <section>中间主体部分</section>
        <aside>右边栏</aside>
    </article>
    <footer>网页底部</footer>
```

Chapter
1

```
</body>
</html>
```

通过示例 1 和示例 2 的代码可以看到，两个示例代码虽然不一样，但是在浏览器里显示的效果是一样的，使用 HTML5 新增元素创建的页面代码更加简洁和高效，而且更容易被搜索引擎搜索到。

一个普通的页面，会有头部、导航、文章内容，还有附着的左右边栏，以及底部等模块，可通过 id 或 class 进行区分，并通过不同的 CSS 样式进行处理。但相对于 HTML 来说，id 和 class 不是通用的、标准的规范，搜索引擎只能去猜测某部分的功能。

HTML5 新定义了一组语义化的元素，虽然这些元素可以用传统的 HTML 元素（如：div、p、span 等）来代替，但是它们可以简化 HTML 页面的设计，无需大量使用 id 或 class 选择器，而且在搜索引擎搜索的时候也会用到这些元素，目前的主流浏览器中已经可以使用这些元素了。新增加的结构元素如表 1-1 所示。

表 1-1　HTML5 新增的结构元素

元　　素	说　　明
header	定义了文档的头部区域
nav	定义导航链接的部分
section	定义文档中的节（section、区段）
article	定义页面独立的内容区域
aside	定义页面的侧边栏内容
footer	定义 section 或 document 的页脚

注意

　　HTML5 的设计是以效率优先为原则，要求样式和内容分离，因此在 HTML5 的实际开发中，必须使用 CSS 来定义样式。

下面就一一介绍 HTML5 新增的结构元素。图 1.3 所示的是一个典型的 HTML5 结构的网站，可以打开网站源代码了解其中 HTML5 标签的使用，或者扫描二维码观看视频了解。

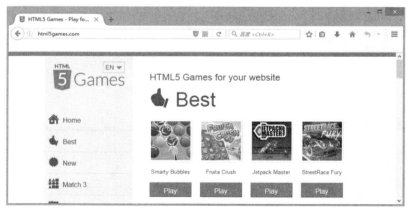

HTML5网站
结构视频讲解

图1.3　典型的HTML5网站

下面通过这个网站分别讲解几个主要的 HTML5 结构元素。

1. header 元素

在 HTML5 出现之前，开发人员习惯使用 div 元素布局网页，HTML5 在 div 元素的基础上新增了 header 元素，也叫<header>头部元素。以前设计 HTML 布局时常常先把网页大致分为头部、内容、底部，再使用<div>加 id 进行布局。头部一般使用<div id="header"></div>或<div class="header"></div>进行布局。在此基础上 HTML5 进行了修改，把公认的 HTML 布局中的常用命名 header 提升为元素。除了可以直接使用 header 元素外，也可以对 header 设置 class 或 id 属性。

语法

```
<header>
    <h1>网站标题</h1>
    <h1>网站副标题</h1>
</header>
```

因为 header 元素是 HTML5 新增元素，所以旧版本浏览器均不支持，需要 IE9 以上或最新 Chrome 等浏览器支持。

图 1.4 展示了 header 中添加的内容以及显示的位置。

图1.4　header效果

2. nav 元素

nav 元素代表页面的一部分，是一个可以作为页面导航的链接组。其中的导航元素链接到其他页面或者当前页面的其他部分，使 HTML 代码在语义化方面更加精确，同时对于屏幕阅读器等设备的支持也更好。

语法

```
<nav>
    <ul>
        <li>博客首页</li>
        <li>心情日志</li>
        <li>我的邮箱</li>
    </ul>
</nav>
```

nav 元素是与导航相关的，一般用于网站导航布局，就像使用 div 元素、span 元素一样。但 nav 元素与 div 元素又有不同之处，此元素一般只用于导航，所以在一个 HTML 网页布局中，nav 元素可能就使用在导航条处或与导航条相关的地方，它通常与 ul、li 元素配合使用。图 1.5 显示了 nav 元素在页面中的应用效果。

图1.5　nav效果

3. section 元素

section 元素不只是一个普通的容器元素，它主要用于表示一段专题性的内容，通常用于带有标题和内容的区域，如文章的章节、对话框中的标签页，或者论文中有编号的部分。

一般来说，当一个元素只是为了样式化或者方便脚本使用时，应该使用 div 元素；当元素内容明确地出现在文档大纲中时，应该使用 section 元素。

语法

```
<section>
    <h1>中华人民共和国</h1>
    <p>中华人民共和国成立于 1949 年……</p>
</section>
```

图 1.6 演示了 section 元素在页面中的应用效果。

图1.6　section效果

4. article 元素

article 元素是一个特殊的 section 元素，它比 section 元素具有更明确的语义，代表一个独立的、完整的相关内容块。通常 article 元素会有标题部分（包含在 header 内），有时也会包含 footer 元素。虽然 section 元素也是带有主题性的一块内容，但是无论从结构上还是内容上来说，其独立性和完整性都没有 article 元素强。

语法

```
<article>
    <h1>Internet Explorer 9</h1>
    <p>Windows Internet Explorer 9（简称 IE9）于 2011 年 3 月 14 日发布……</p>
</article>
```

5.　aside 元素

aside 元素在网站制作中主要有以下两种使用方法。

（1）包含在 article 元素中作为主要内容的附属信息，其中的内容可以是与当前文章有关的相关资料、名词解释等。

```
<article>
    <h1>…</h1>
    <p>…</p>
    <aside>…</aside>
</article>
```

（2）在 article 元素之外使用，作为页面或站点全局的附属信息。最典型的应用是侧边栏。

```
<aside>
    <h2>…</h2>
    <ul>
        <li>…</li><li>…</li>
    </ul>
    <h2>…</h2>
    <ul>
        <li>…</li><li>…</li>
    </ul>
</aside>
```

6.　footer 元素

footer 元素一般用于页面或区域的底部，通常包含文档的作者、版权信息、使用条款链接等。如图 1.7 所示，页面底部通常使用 footer 元素来布局。

```
<footer class="yanshi">
    脚注信息
</footer>
```

图1.7　页面底部位置的footer元素

 注意

HTML5 新增的结构元素都是块元素，独占一行，使用的时候要注意。

1.2.2　HTML5 新增网页元素

上一节介绍了 HTML5 结构元素，结构元素只用于设计网页结构，编写框架。但一个完整的网页不能只有框架，还必须有具体的网页内容，HTML5 新增了如表 1-2 所示的网页元素。

表 1-2　HTML5 新增网页元素

元　　素	说　　明
video	定义视频，如电影片段或其他视频流
audio	定义音频，如音乐或其他音频流
canvas	定义图形
datalist	定义可选数据的列表
time	定义日期或时间
mark	在视觉上向用户呈现那些需要突出的文字
progress	运行中的进度（进程）

这几个元素主要完成 Web 页面具体内容的引用和表述，是丰富内容展示的基础。下面分别讲解这几个新增元素。

1．datalist 元素

datalist 元素用于为文本框提供一个可选数据的列表，用户可以直接选择列表中预先添加的某一项，从而免去输入的麻烦。如果用户不需要选择或者选项里不存在用户需要的内容，也可以自行输入。在实际应用中，如果把 datalist 提供的列表绑定到某文本框，则需要使用文本框的 list 属性来引用 datalist 元素的 id 属性。

datalist 元素是由一个或多个 option 元素组成的，而且每一个 option 元素都必须设置 value 属性，如示例 3 所示。

示例 3

```
<html lang="en">
<head>
<meta charset="UTF-8">
    <title>datalist 元素的用法</title>
</head>
<body>
    <input type="text" list="list1"/>
    <datalist id="list1">
        <option value="苹果">苹果</option>
        <option value="香蕉">香蕉</option>
        <option value="菠萝">菠萝</option>
    </datalist>
</body>
</html>
```

页面效果如图 1.8 所示。

图1.8　datalist效果

2. time 元素

在网页中使用 time 元素和不使用 time 元素效果并没有什么区别，只是使用 time 元素容易被搜索引擎搜索到。

语法

```
<p>我们在每天早上 <time>9:00</time> 开始营业。</p>
<p>我在 <time datetime="2008-02-14">情人节</time> 有个约会。</p>
```

3. mark 元素

当把一行文字包含在 mark 元素之内时，页面上显示时文字会有背景，用于突出重点。

语法

```
<mark>天气渐渐变暖了</mark>
```

4. progress 元素

progress 元素在页面上显示为一个进度条。value 属性表示当前已完成的进度，max 属性表示总进度。

语法

```
<progress value="20" max="100"></progress>
```

其他的几个元素如 video、audio、canvas 功能比较多，操作起来比较复杂，将在后面的章节详细讲述，此处不做赘述。利用 HTML5 新增的网页元素完成的页面效果如图 1.9 所示。

图1.9　HTML5新增网页元素效果

1.2.3 HTML5 新增全局属性

HTML5 新增了全局属性的概念。所谓全局属性，是指任何元素都可以使用的属性。新增的全局属性见表 1-3。

表 1-3　HTML5 新增全局属性

属　　　性	说　　　明
contentEditable	是否允许用户编辑内容
designMode	整个页面是否可编辑
hidden	是否对元素进行隐藏
spellcheck	是否必须对元素进行拼写或语法检查
tabindex	规定元素的 Tab 键移动顺序

下面依次对这几个属性进行讲解。

1. contentEditable

contentEditable 属性的主要功能是允许用户在线编辑元素中的内容。contentEditable 属性可以设定两个值：true 和 false。如果设置为 true，页面元素允许被编辑，如果设置为 false，页面元素不允许被编辑；如果未指定 true 或者 false，该元素的编辑状态将由父元素来决定。下面代码段中的 ul 元素在页面上是可以被编辑的。

```
<ul contentEditable="true">
    <li>列表一</li>
    <li>列表二</li>
</ul>
```

在编辑完元素内容后，如果想要保存这些内容，只能把元素的 innerHTML 属性发送到服务器端进行保存，因为改变元素内容后，该元素的 innerHTML 属性也会随之改变。

2. designMode

designMode 属性用来指定整个页面是否可编辑。当页面可编辑的时候，页面中任何支持 contentEditable 属性的元素都变成了可编辑状态。designMode 属性只能在 JavaScript 脚本里被修改，该属性有两个值：on 和 off。值为 on 的时候页面可编辑，值为 off 的时候页面不可编辑。使用 JavaScript 指定 designMode 属性的用法如下所示。

```
<script>
    document. designMode=on;
</script>
```

通常整个页面是不能被修改的，所以该属性使用得并不是十分广泛，此处不再示例。

3. hidden

在 HTML5 中所有的元素都允许使用 hidden 属性。该属性类似于 input 元素中的 hidden，功能也是使元素处于不可见状态。hidden 属性是 bool 类型，设为 false 元素可见，设为 true 元素不可见。

4. spellcheck

spellcheck 属性是 HTML5 中针对单行文本框和多行文本框设置的。它的功能是对用户输入的文本内容进行拼写和语法检查。该属性也是 bool 类型，设为 true 进行语法检查，否则不检查。但如果元素的 readOnly 属性和 disabled 属性生效的话，spellcheck 属性将失效。

5. tabindex

tabindex 是网页开发中的一个基本概念，当不断按 Tab 键让窗口或页面中的控件获取焦点，对窗口或页面中的所有控件进行遍历的时候，每一个控件的 tabindex 属性表示该控件是第几个被访问到的。

1.2.4 上机训练

上机练习 1——搭建网易邮箱页面结构

需求说明

使用 HTML5 新增的结构元素搭建网易邮箱页面结构，页面中每块内容的高为 200px，边框为 1px 的红色实线，页面效果如图 1.10 所示。

图1.10　搭建网易邮箱页面结构

上机练习 2——制作三栏式布局

需求说明

使用 HTML5 新增的结构元素制作三栏式布局，要求左右两侧固定宽度，中间自适应。完成效果如图 1.11 所示。

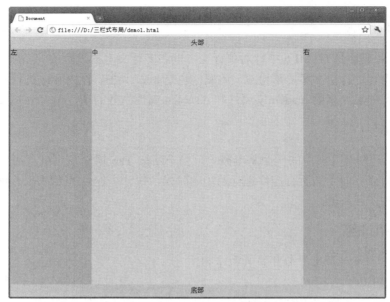

图1.11　三栏式布局完成效果

任务 3　CSS3 高级选择器

1.3.1　结构伪类选择器

　　CSS 是最强大的网页设计工具之一，开发人员可以使用它在几分钟内改变一个网站的页面，而不用改变页面的元素。但绝大部分开发人员使用的 CSS 选择器远未发挥它们真正的潜力，有时候还趋向于使用过多的和无用的 class、id、div、span 等，把 HTML 写得很凌乱。避免写凌乱的属性和元素且保持代码简洁和语义化的最佳方式，就是使用更复杂的 CSS 选择器，它们可以定位于指定的元素而不用使用额外的 class 或 id，而且通过这种方式也可以让我们的代码和样式变得更加灵活。

　　下面先简单讲解几个 CSS3 的高级选择器，如表 1-4 所示。

表 1-4　CSS3 高级选择器

选择器	示　　例	说　　明
:first-of-type	p:first-of-type	选择所有属于其父元素的第一个 p 类型的元素
:last-of-type	p:last-of-type	选择所有属于其父元素的最后一个 p 类型的元素
:first-child	p:first-child	选择所有属于其父元素的第一个子元素的 p 元素
:last-child	p:last-child	选择所有属于其父元素的最后一个子元素的 p 元素
:nth-child(n)	p:nth-child(n)	选择所有属于其父元素的第 n 个子元素的 p 元素
:before	p:before	在每个 p 元素的内容之前插入内容
:after	p:after	在每个 p 元素的内容之后插入内容

为了更好地演示效果，编写统一的结构代码如示例 4 所示。

示例 4

```
<html lang="en">
<head>
    <meta charset="UTF-8">
    <title>CSS 高级选择器应用</title>
</head>
<body>
    <p>外部 p 元素</p>
    <header>
        <p>header 里面的第一个 p 元素</p>
        <p>header 里面的第二个 p 元素</p>
        <p>header 里面的第三个 p 元素</p>
    </header>
    <div>
        <p>div 里面的第一个 p 元素</p>
        <p>div 里面的第二个 p 元素</p>
        <p>div 里面的第三个 p 元素</p>
    </div>
</body>
</html>
```

上述代码仅仅是本小节涉及的结构，其他结构读者可以自行添加。

1．:first-of-type 与:last-of-type

:first-of-type 选择器匹配属于其父元素的所有特定类型的第一个子元素。
:last-of-type 选择器匹配属于其父元素的所有特定类型的最后一个子元素。

```
p: first-of-type{
    background-color: #cccccc;
}
```

运行效果如图 1.12 所示。

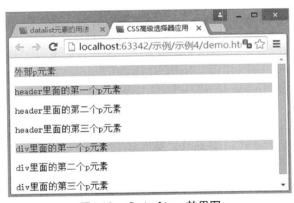

图1.12 :first-of-type效果图

通过示例 4 的代码和图 1.12 可以看出，p:first-of-type 获取的是第一个子元素 p。在该示例中能够获取 body 的第一个子元素 p，也能获取 div 的第一个子元素 p，同时还能获取 header 的第一个子元素 p。如果只想获取 header 的第一个子元素可以将 CSS 代码改成如下：

```
header p:first-of-type {
    background-color: #cccccc;
}
```

:last-of-type 的用法和:first-of-type 相同，只不过检索的是最后一个子元素。

 注意

在进行子元素查找的时候，要注意元素的包含关系，即子元素的子元素，如果其类型满足要求也能被检索到。

2. :first-child 与:last-child

:first-child 是用于选取属于其父元素的第一个子元素的指定选择器，效果类似于:first-of-type。

:last-child 是用于选取属于其父元素的最后一个子元素的指定选择器。效果类似于:last-of-type。

```
p:first-child {
    background-color: #cccccc;
}
```

运行效果如图 1.12 所示，不再截图演示。

3. :nth-child(n)

:nth-child(n)选择器匹配属于其父元素的第 n 个子元素，并且不限制元素的类型。n 可以是数字、关键字或公式。通过:nth-child(n)对下面的代码操作：

```
<div>
    <p>div 里面的第一个 p 元素</p>
    <p>div 里面的第二个 p 元素</p>
    <p>div 里面的第三个 p 元素</p>
</div>
```

当 n 是数字时，获取 div 中的第 n 个位置的元素（注意 n 从 1 开始）。

```
div p:nth-child(1) {
    background-color: #cccccc;
}
```

该代码段的作用是获取 div 中的第一个 p 元素，并给这个 p 元素设置背景色。n 除了是数字之外，还可以是表达式，如 an+b，此时 n 从零开始。如下代码表示给 div 中所有奇数位置的 p 元素加背景色：

```
div p:nth-child(2n+1) {
    background-color: #cccccc;
}
```

另外还可以使用 odd 和 even 关键字，odd 和 even 是用于匹配下标是奇数或偶数的子元素的关键字（第一个子元素的下标是 1）。下面的 CSS 代码分别为 div 中的奇数 p 元素和偶数 p 元素指定两种不同的背景色：

```
div p:nth-child(odd) {
    background-color: #cccccc;
}
div p:nth-child(even) {
    background-color:#46face;
}
```

4．:before 与 :after

:before 选择器在被选元素的内容前面通过使用 content 属性来插入内容。

:after 选择器在被选元素的内容后面通过使用 content 属性来插入内容。

```
div p:before {
    content: "新增内容";
}
```

此段代码表示在 div 中所有的 p 元素的内容前面都添加文本"新增内容"，:after 和 :before 的用法相同，只不过表示添加在内容之后。

示例 5 演示了 :nth-child(n) 和 :before 的用法。

示例 5

```html
<html lang="en">
<head>
    <meta charset="UTF-8">
    <title>CSS 高级选择器</title>
    <style>
        p:nth-child(1){color: white;}
        p:nth-child(2n+1){background-color:pink;}
        p:nth-child(odd){font-size: 2em;}
        p:first-child:before{content: "新增内容";}
    </style>
</head>
<body>
    <p>div 里面的第一个 p 元素</p>
    <p>div 里面的第二个 p 元素</p>
    <p>div 里面的第三个 p 元素</p>
    <p>div 里面的第四个 p 元素</p>
</body>
</html>
```

示例 5 的效果如图 1.13 所示。

CSS3 的高级选择器对浏览器有一定要求，IE9 以下都不支持，Firefox、Safari 和 Opera 目前通用的版本都支持。如果说网页的用户大部分用的还是 IE8 以下的版本，建议使用原始的 class 和 id 选择器。但不可否认，CSS3 的高级选择器越来越被各大浏览器支持，随着新版本的浏览器越来越普及，这些高级选择器在开发中所发挥的作用也会越来越大。

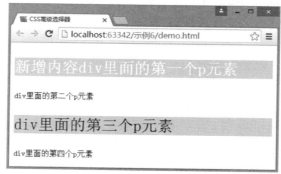

图1.13　CSS3高级选择器

1.3.2　上机训练

上机练习 3——制作爱奇异视频播放列表

需求说明

使用学过的元素制作爱奇异视频播放列表页面，布局使用 HTML5 元素，要符合语义化，具体要求如下。

（1）使用无序列表来布局。

（2）影视名称使用标题标签。

（3）文字描述使用 p 元素。

（4）使用结构伪类选择器选择 li 元素下的标题元素，并设置字体大小为 16px，字体颜色为# 4d4d4d。

（5）使用结构伪类选择器选择 li 元素下第一个 p 元素，并设置字体大小为 14px，字体颜色为# 640000。

（6）使用结构伪类选择器选择 li 元素下第二个 p 元素，并设置字体大小为 12px，字体颜色为蓝色。

页面完成效果如图 1.14 所示。

图1.14　制作爱奇异视频播放列表

本章作业

一、选择题

1. 以下关于 HTML5 的描述正确的是（　　）。

    A．HTML5 不适合 W3C 标准

    B．HTML5 只是在原来的基础上规范了标准，没有新增内容

    C．XHTML 不属于 HTML5 的发展史中的版本

    D．HTML5 不需要安装任何插件就可以直接使用网页播放视频

2. CSS3 基本选择器优先级正确的是（　　）。

    A．标签选择器>类选择器>ID 选择器

    B．标签选择器>ID 选择器>类选择器

    C．类选择器>标签选择器>ID 选择器

    D．ID 选择器>类选择器>标签选择器

3. 以下哪个不是 HTML5 新增的结构元素？（　　）

    A．header

    B．section

    C．nav

    D．div

4. 关于新增的网页元素，说法错误的是（　　）。

    A．video 定义音频，如音乐或其他音频流

    B．canvas 定义图形

    C．datalist 定义可选的数据列表

    D．time 定义日期或时间

5. 以下关于 CSS3 新增伪类选择器的描述错误的是（　　）。

    A．p:last-of-type 选择所有属于其父元素的最后一个<p>类型的<p>元素

    B．p:only-of-type 选择所有属于其父元素的唯一一<p>类型的<p>元素

    C．:enabled?:disabled 控制表单控件的只读状态

    D．p:nth-child(2)选择所有属于其父元素的第二个子元素的<p>元素

二、简答题

1. 简述 HTML5 的优势和特点。

2. article 元素和 section 元素有什么区别？

3. 制作当当网图书分类页面，要求使用 HTML5 中相关的语义元素来完成页面内容，完成效果如图 1.15 所示。

图1.15　当当网图书分类页面

 说明

为了方便读者验证作业答案，提升专业技能，请扫描二维码获取本章作业答案。

第 2 章

HTML5 表单

本章任务

任务 1: 了解 HTML5 表单在网页中的应用

任务 2: HTML5 新增的 input 类型

任务 3: HTML5 新增的 input 属性

技能目标

❖ 掌握 HTML5 新增的表单元素及属性

❖ 能够熟练使用 HTML5 进行表单验证

本章知识梳理

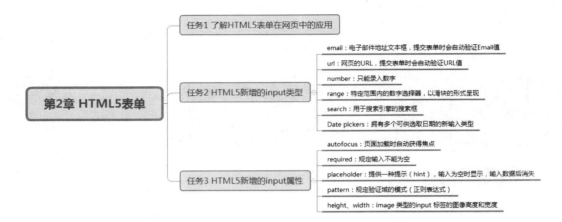

本章简介

在网页设计中表单元素的作用是非常重要的，用户提交的数据，如姓名、性别、年龄、职业、电话、邮箱等信息，以及论坛的留言板、用户的搜索信息等，都需要通过表单元素来获取。需要用户填写的数据是由输入标签（如单行文本框、选择框等）来实现的，而将数据提交给服务器则是通过单击按钮来实现的。表单元素实现了动态网站与用户之间交互的诸多功能。

HTML5 中增加了 input 类型、form 属性、input 属性以及表单验证属性。使用这些新的元素及属性，网页设计人员可以更加省时省力地设计出标准的 Web 页面。本章就来系统地学习一下 HTML5 新增的表单元素及属性。

预习作业

简答题

（1）HTML5 可以应用于哪些地方？

（2）HTML5 新增加的 input 类型有哪些？

（3）HTML5 新增加的 input 属性有哪些？

任务 1 了解 HTML5 表单在网页中的应用

现在的动态网站使用得十分广泛，打开浏览器看到的基本都是动态网站，如百度、京东、网易、雅虎、淘宝等都是动态网站。动态网站不仅能够向用户提供所需信息，而且能够把用户的需求提交给服务器以满足用户不同的需要。

如图 2.1 所示，用方框括起来的都是表单元素，数据的采集和提交都需要用到这些元素。

表单不仅用于收集信息和反馈意见，还广泛用于资料检索、讨论组、网上购物、信息调查、数据汇总等多种交互式操作。这些信息交互的方式，使得网页不再只是一个单一的信息发布页面，而是根据客户提交的信息动态甚至实时地进行信息更新和信息展示。例如，网上购物系统、电子银行、铁路购票系统等，这些都是利用表单结合服务器、软件以及数据库技术来实现的。

表单在网络信息交流中起着非常重要的作用，归纳起来表单在网页中的作用主要体现在以下 5 个方面。

图2.1　京东会员登录页面

➢ 功能性实现，如网上购物、网上订票等。
➢ 获取客户需求和反馈信息，如调查问卷。
➢ 创建留言簿和意见簿。
➢ 创建搜索网页，如百度、谷歌等。
➢ 提示浏览者登录相关网站。

在 HTML5 出现之前，HTML 表单仅支持很少的 input 类型，如表 2-1 所示。

表 2-1　HTML5 之前版本支持的 input 类型

类　型	代　码	说　明
文本域	`<input type="text"/>`	当用户要在表单中键入字母、数字等内容时，就会用到文本域
单选按钮	`<input type="radio"/>`	用于在多项中选择一项，如性别
复选框	`<input type="checkbox"/>`	用于选择多项，如爱好
下拉列表	`<select></select>`	定义下拉列表，提供多个选择项，与 option 配合使用
密码框	`<input type="password"/>`	用于输入密码，密码字段字符不会以明文显示，而是以星号或圆点代替
提交按钮	`<input type="submit"/>`	用于将表单的数据回发给服务器
普通按钮	`<input type="button"/>`	一般通过 JavaScript 启动脚本
图像按钮	`<input type="image"/>`	定义图像形式的提交按钮
隐藏域	`<input type="hidden"/>`	定义隐藏的字段，和单行文本框一样，只是不显示
重置按钮	`<input type="reset"/>`	用户可以通过单击重置按钮清除表单中的所有数据
文件域	`<input type="file"/>`	用于文件上传

这些表单元素仅提供了最简单的录入功能，并没有验证用户输入是否合法的功能。因此为了保证数据的完整性，需要开发人员编写大量的用户输入的验证功能。通常通过 JavaScript 来实现，但这增加了许多代码，大大增加了开发人员的工作量。

因此，在升级的 HTML5 版本中增加了很多新的 input 类型，接下来就学习一下到底增加了哪些新的 input 类型。

任务 2 HTML5 新增的 input 类型

在 HTML5 中，增加了多个新的表单元素。通过使用这些新增的元素，可以更好地实现验证功能，简便地实现旧版本 HTML 中一些非常复杂的功能，减少不必要的 JavaScript 代码编写，提升开发效率。新增的 input 类型如表 2-2 所示。

表 2-2   HTML5 新增的 input 类型

类　　型	说　　明
email	电子邮件地址文本框，提交表单时会自动验证 Email 值
url	网页的 URL，提交表单时会自动验证 URL 值
number	只能录入数字
range	特定范围内的数字选择器，以滑块的形式呈现
search	用于搜索引擎的搜索框
Datepicker	拥有多个可供选取日期的新输入类型

下面通过一些示例来介绍这些新的 input 类型。

2.2.1   email 类型

在很多网站中，比如网易、CSDN 等，都是以电话号码或者电子邮箱作为用户账号，这样既能保证用户名的唯一性，也能给用户发邮件或短信来激活用户账号，在实际的使用中相当广泛，图 2.2 所示即为网易用户中心登录界面。

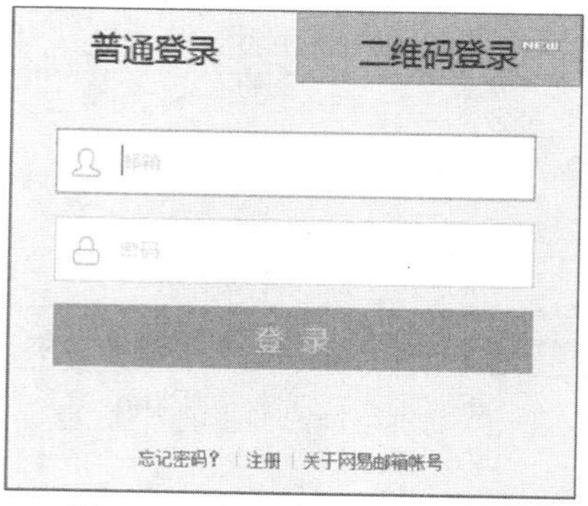

图2.2　网易用户中心登录界面

在网站中对 Email 的格式进行简便的验证是十分必要的。以前使用 HTML 旧版本验证 Email 是否合法的方法如下：

```
//定义单行文本框以便用户输入 Email
<input type="text" id="email"/>
//JavaScript 验证用户输入的合法性
<script>
    function checkEmail() {
```

```
        //设置 Email 正则表达式
        var emailReg = /^[a-zA-Z0-9_\.]+@[a-zA-Z0-9-]+[\.a-zA-Z]+$/;
        var reg = new RegExp(emailReg);
        //获取文本框的值
        var email=document.getElementById("email").value;
        if (!reg.test(email)) { //验证输入的 Email 的格式
            alert("电子邮件格式不正确"); //提示错误信息
        }
    }
</script>
```

以前需要编写大量的 JavaScript 代码来验证 Email 是否合法。如果使用 HTML5 的 email 元素，则根本不需要编写任何代码。

email 类型的 input 元素是一种专门用于输入电子邮件地址的文本输入框，在页面呈现的样式和普通的单行文本框没有区别，只是在提交表单的时候会自动验证 Email 输入框的值。如果不是一个规范的 Email 地址，则会提示错误信息。这在旧版本的 HTML 中是难以想象的，旧版本 HTML 必须使用 JavaScript 和正则表达式来验证，而在 HTML5 中使用 email 元素几乎可以不用编写任何代码就能实现相同的功能，如示例 1 所示。

示例 1

```
<!DOCTYPE html>
<html lang="en">
<head>
    <meta charset="UTF-8">
    <title>新增 Email 元素</title>
</head>
<body>
    <form action="">
        <input type="email" name="email"/>
        <input type="submit" value="验证 email"/>
    </form>
</body>
</html>
```

示例 1 中，input 元素的类型是 email，直接运行页面。如果输入的 Email 格式不正确，单击"验证 Email"按钮时，页面效果如图 2.3 所示。

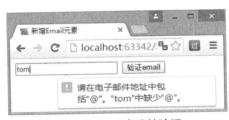

图2.3　Email合法性验证

通过示例 1 可以看到，HTML5 让以前很复杂的工作，现在变得很简单就能实现。

2.2.2　url 类型

用户通常通过 URL 地址访问网站，由于 URL 的格式同 email 一样也比较严格，因此在实际应用中也需要使用 JavaScript 代码通过正则表达式进行验证。在 HTML5 中也增加了适合输入 URL 的标签。URL 类型的 input 元素是用于输入 URL 地址这类特殊文本的文本域。当单击提交按钮时，如果用户输入的 URL 地址格式合法，网页将 URL 提交到服务器；如果不合法，则显示错误信息并且不提交。

下面通过示例 2 演示一下 url 类型的用法。

示例 2

```html
<!DOCTYPE html>
<html lang="en">
<head>
    <meta charset="UTF-8">
    <title>URL 文本域</title>
</head>
<body>
    <form action="">
        <input type="url" name="url"/>
        <input type="submit" value="验证 URL"/>
    </form>
</body>
</html>
```

示例 2 的运行结果如图 2.4 所示，如果输入错误的 URL 地址，会提示错误信息。

图2.4　URL合法性验证

 注意

> 合法的 URL 网址应该是 http://www.dangdang.com，但通常在浏览器中输入 dangdang.com 也能访问，因为浏览器会自动补全协议类型。

2.2.3　number 类型

在网站中经常遇到需要输入数字的情况，比如输入用户的年龄、销售额、成本等信息，这些数字有些是整数，有些是小数，甚至有些是按照一定数值增减。如果要满足这些要求，使用 JavaScript 代码验证，将非常复杂。HTML5 新增的 number 类型很好地解决了这一问题。number 类型的 input 元素是用于输入数字的文本框，同时还可以设置限制的数字，包括符合要求的最大值、最小值、默认值和每次增加或减少的数字间隔。如果输入的数字不在限定的范围之内，会出现提示。

number 类型有几个特殊的属性来规定对数字的定义，见表 2-3。

表 2-3　number 类型的属性

属　　性	说　　明
value	规定的默认值
max	符合要求的最大值（包括最大值）
min	符合要求的最小值（包括最小值）
step	每次递增或递减的数值，可以是整数，也可以是小数

下面通过示例 3 演示一下 number 类型的用法。

示例 3

```
<!DOCTYPE html>
<html lang="en">
<head>
    <meta charset="UTF-8">
    <title>数字文本域</title>
</head>
<body>
    <form action="">
        <!--所能填写的数字最小值为 1，最大值为 10，单击箭头每次增减 0.1-->
        <input type="number" step="0.1" value="5" max="10" min="1" name="num1"/>
        <input type="number" step="0.1" value="5" max="10" min="1" name="num2"/>
        <input type="submit" value="验证数字"/>
    </form>
</body>
</html>
```

示例 3 演示的 number 标签中可填写的数字在 1 到 10 之间，默认为 5，单击向上或向下的箭头每次递增或递减 0.1，如图 2.5 所示。

图2.5　number类型验证

示例 3 中有两个 number 类型的文本框，第一个输入合法数据，第二个输入非法数据，所以第二个文本框提示错误，而第一个能够正常提交。number 类型的文本框只能输入数字，字母等其他字符是不能输入的。

2.2.4 range 类型

range 类型表示页面上的一段连续数字范围，表现为一个滑块，用户可以通过拖动滑块来选择需要的数字，并且可以设置最大值、最小值、数字间隔等。range 类型也有几个属性，和 number 类型基本相同，如表 2-4 所示。

表 2-4 range 类型的属性

属 性	说 明
value	规定的默认值
max	符合要求的最大值（包括最大值）
min	符合要求的最小值（包括最小值）
step	每次递增或递减的数值，可以是整数，也可以是小数

通过表 2-4 可以看出，range 和 number 类型的属性是完全相同的，只是页面的表现形式不同，number 类型表现为一个输入文本框，而 range 类型表现为一个滑块。

range 类型的用法可通过示例 4 进行演示。

示例 4

```html
<!DOCTYPE html>
<html lang="en">
<head>
    <meta charset="UTF-8">
    <title>range 文本域</title>
</head>
<body>
    <form action="">
        <input type="range" step="0.01" value="5" max="10" min="1"/>
        <input type="submit" value="验证数字"/>
    </form>
</body>
</html>
```

运行效果如图 2.6 所示。

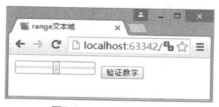

图2.6　range运行效果

2.2.5 search 类型

search 类型用于搜索域，比如站点搜索或 Google 搜索，显示为常规的文本域。

search 的用法可通过示例 5 进行演示。

示例 5

```
<!DOCTYPE html>
<html lang="en">
<head>
    <meta charset="UTF-8">
    <title>search 类型</title>
</head>
<body>
    <form action="">
        <input type="search" name="search"/>
    </form>
</body>
</html>
```

运行效果如图 2.7 所示。

图2.7　search运行效果

2.2.6　Date pickers 类型

　　Date pickers 又被称为日期选择器，是网页中常用的日期控件，用于某些需要用户输入日期的情况，如生日、注册时间等。通常由用户使用控件选择时间而不是输入时间，增强用户体验的同时无需再做客户端验证。在 HTML5 之前的版本中并没有一款日期控件，一般是采用 JavaScript 的方式来实现日期选择功能，如图 2.8 所示。常见的第三方日期控件有 jQuery UI、My97DatePicker 等，但是使用起来也比较麻烦。

图2.8　日期控件

HTML5 提供了多个可用于选取日期和时间的输入类型，分别用于选择以下的日期格式：日、月、年、周、时间等，如表 2-5 所示。

表 2-5　Date pickers 类型

类　　型	说　　明
date	选取年、月、日
month	选取年、月
week	选取年、周
time	选取时间
datetime	选取年、月、日、时间（UTC 时间）
datetime-local	选取年、月、日、时间（本地时间）

1. date 类型

date 类型用于选取年、月、日，即选择一个具体的日期，如 2018 年 9 月 26 日，选择之后以 2016-9-26 的方式呈现。

2. month 类型

month 类型用于选取年和月，如 2018 年 9 月，选择之后以 2018-9 的方式呈现。

3. week 类型

week 类型用于选取年和周，如选取 2015 年 10 月 15 日，显示的结果是：2015 年第 42 周。

4. time 类型

time 类型用于选取具体的时间，如 20 时 25 分。

5. datetime 类型和 datetime-local 类型

datetime 类型用于选取年、月、日、时间，其中时间为 UTC 时间，datetime-local 类型则为本地时间。

 注意

　　UTC 协调世界时，又称世界统一时间、世界标准时间、国际协调时间。英文（CUT，Coordinated Universal Time）和法文（TUC，Temps Universel Coordonné）的缩写不同，折中后简称 UTC。中国、蒙古、新加坡、马来西亚、菲律宾、西澳大利亚与 UTC 的时差均为+8，也就是 UTC+8。简单地说，当 UTC 时间是 0 时的时候，北京时间是上午 8 时。

下面以示例 6 演示 Date pickers 类型的使用。

示例 6

```
<!DOCTYPE html>
<html lang="en">
<head>
    <meta charset="UTF-8">
    <title>Date pickers 类型</title>
</head>
<body>
    <form action="">
        <!--Date picker(谷歌浏览器)-->
        <fieldset>
        <legend>Date pickers 类型</legend>
        <!--date 类型的用法-->
        <p>
            Date：
            <input type="date" name="date"/>
            <input type="submit" value="提交"/>
        </p>
        <!--month 类型的用法-->
        <p>
            Month：
            <input type="month" name="month"/>
            <input type="submit" value="提交"/>
        </p>
        <!--week 类型的用法-->
        <p>
            Week：
            <input type="week" name="week"/>
            <input type="submit" value="提交"/>
        </p>
        <!--time 类型的用法-->
        <p>
            Time：
            <input type="time" name="time"/>
            <input type="submit" value="提交"/>
        </p>
        <!--datetime 类型的用法-->
        <p>
            DateTime：
            <input type="datetime" name="date-time"/>
            <input type="submit" value="提交"/>
        </p>
        <!--datetime-local 类型的用法-->
            DatetimeLocal：
```

```
            <input type="datetime-local" name="date-local"/>
            <input type="submit" value="提交"/>
        </fieldset>
    </form>
</body>
</html>
```

示例 6 演示了表 2.5 所示的时间类型，运行效果如图 2.9 所示。

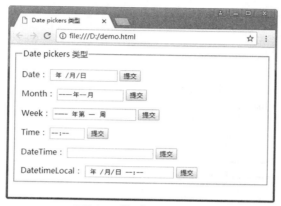

图2.9 时间类型运行效果

另外，除了本章介绍的新增 input 类型外，还有其他一些输入类型，如 color、tel 等，在此不做演示，读者可自行练习。

2.2.7 上机训练

上机练习 1——制作网易邮箱登录页面

训练要点

➢ 表单元素：文本框、密码框、下拉列表、复选框、提交按钮。

➢ HTML5 结构元素：header、section、footer 等。

➢ 理解标签语义化，根据元素的表现选择合适的元素（如有图片就使用 img 元素，有超链接就使用 a 元素）。

需求说明

制作图 2.10 所示的网易邮箱登录页面。

实现思路及关键代码

（1）图 2.10 所示网页大概可以算作上中下结构，使用适合的 HTML5 结构元素来搭框架，如 header、section 或 article、footer。分好结构，再对照效果图往每个模块里添加对应的 HTML 元素即可。

（2）头部里包括 logo 和超链接，关键代码如下：

```
<header>
        <h1><a href="#"><img src="图片路径" alt="logo"/></a></h1>
        <p>
            <a href="#">免费邮</a>
```

```
            //其余超链接省略
        </p>
    </header>
```

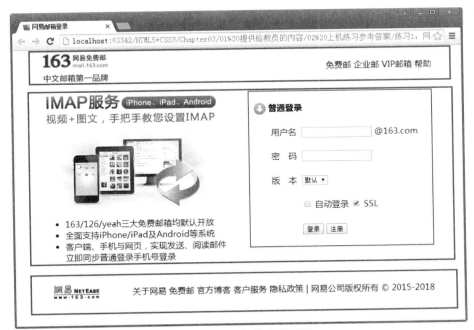

图2.10　网易邮箱登录页面

（3）内容部分包括左边的图片和无序列表，右边是个表单，关键代码如下：

```
<section>
    <!--左边-->
    <p>
        <img src="图片路径" alt=""/>
        <ul>此处省略了里面的列表项</ul>
    </p>
    <!--右边-->
        <form action="#" method="get">此处省略了表单里的内容</form>
</section>
```

（4）底部包括图片和超链接，关键代码如下：

```
<footer>
    <img src="图片超链接 " alt=""/>
    <a href="#">关于网易</a>
        //省略其他的超链接
</footer>
```

上机练习 2——制作成绩录入页面

需求说明

利用 HTML5 新增的 input 类型，完成图 2.11 所示的成绩录入页面。

（1）将所有的元素放于 form 中。

（2）姓名使用普通的 text 类型。

（3）考试成绩必须是数字，输入值只能在 0 到 100 之间，单击箭头每次增加 0.5。

（4）考试时间使用本地时间。

（5）邮箱和主页分别使用 email 和 url 类型。

图2.11　成绩录入页面

任务3　HTML5 新增的 input 属性

HTML5 不仅新增了 input 类型，而且新增了几个 input 属性，用于对 input 类型的输入进行限制和验证。本任务介绍几个常用的属性，如表 2-6 所示。

表 2-6　HTML5 新增的 input 属性

属　性	说　明
autofocus	页面加载时自动获得焦点
required	规定输入不能为空
placeholder	提供一种提示（hint），输入为空时显示，输入数据后消失
pattern	规定验证域的模式（正则表达式）
height、width	image 类型的 input 标签的图像高度和宽度

2.3.1　autofocus

在访问百度主页时，页面中的文本输入框会自动获得光标焦点，方便用户输入数据，增强用户使用体验。这个功能以前通常使用 JavaScript 实现。HTML5 新增了 autofocus 属性，该属性可以使页面在加载时自动获取焦点。需要时将该属性写在 input 中即可，该属性几乎支持所有的 input 元素。实现代码如下：

```
<input autofocus type="text" name="name"/>
```

或者

```
<input autofocus="autofocus" type="text" name="name"/>
```

两种写法都使页面在加载时自动获取焦点。但同一个页面中只能有一个 input 元素获取焦点，书写的时候要注意。如果给多个 input 元素设置了 autofocus 属性，只有第一个能够获取焦点。

2.3.2　required

如果读者做了之前的练习，会发现在输入框中不添加任何元素单击提交按钮一样能够提交，但如果输入了错误的信息，比如成绩大于 100 或者 Email 不符合要求则不能验证通过，说明新增的 input 类型对空值不进行验证。但是在实际开发中经常需要进行输入非空验证，通常使用 JavaScript 或 jQuery 的插件完成，编写起来比较复杂。HTML5 为 input 元素添加了 required 属性，该属性规定输入框填写的内容不能为空，否则不允许用户提交表单。required 属性适合需要用户输入的控件，如文本域、单选按钮和复选框，不适合一般的按钮，见示例 7。

示例 7

```
<!DOCTYPE html>
<html lang="en">
<head>
    <meta charset="UTF-8">
    <title>required 的用法</title>
</head>
<body>
    <form action="">
        <input type="text" name="name" required/>
        <input type="submit" value="提交"/>
    </form>
</body>
</html>
```

提交数据时显示如图 2.12 所示界面。

图2.12　required验证效果

2.3.3　placeholder

对于 Web 设计人员来讲，最令人兴奋的就是 placeholder 属性了。该属性给出一些提示信息告诉用户输入框的作用。当输入框为空的时候，提示信息存在，当用户输入数据的时候，提示信息消失。

如图 2.13 所示，在登录文本框内提示用户输入"手机/邮箱/用户名"，在密码框内提示用户输入"密码"，当获取光标输入数据的时候，提示的内容自动消失，这在 HTML5 之前都是使用 JavaScript 代码实现的，如示例 8 所示（由于篇幅所限，示例 8 仅给出登录文本框部分的代码，并未给出密码框部分的代码）。

图2.13 登录百度账号

示例 8

```
<!DOCTYPE html>
<html lang="en">
<head>
    <meta charset="UTF-8">
    <title>required 的用法</title>
    <script>
        //当获取焦点时，如果文本框中的文字是"手机/邮箱/用户名"，则清空
        function name_Focus(){
            var msg = document.getElementById("name").value;
            if(msg=="手机/邮箱/用户名"){
            document.getElementById("name").value="";
            document.getElementById("name").style.color="black";
            }
        }
        //当失去焦点时，如果文本框为空，添加"手机/邮箱/用户名"
        function name_Blur(){
            var msg = document.getElementById("name").value;
            if(msg==""){
            document.getElementById("name").value="手机/邮箱/用户名";
            document.getElementById("name").style.color="#ccc";
            }
        }
    </script>
    <style>
        #name{color:#ccc;/*设置加载时文本框的样式*/}
    </style>
</head>
<body>
    <form action="">
        <input onfocus="name_Focus()" onblur="name_Blur()" type="text"    value="手机/邮箱/用户名"
            id="name" name="name" />
        <input type="submit" value="提交"/>
    </form>
```

```
</body>
</html>
```

通过示例 8 的代码可以看到，实现提示功能很麻烦，需要大量的 JavaScript 逻辑判断以及样式处理，但在 HTML5 中只需要一个 placeholder 属性就能实现。

```
<input type="text" name="name" placeholder="请输入姓名" />
```

界面效果如图 2.14 所示。

图2.14　placeholder提示效果

2.3.4　pattern

通常在用户输入数据的时候，有些对数据格式有要求，比如 Email 或者 URL，这两个需求 HTML5 给出了对应的 input 元素。但是有时候用户需要定义自己的数据格式，这时就不能仅依靠 HTML5 给出的控件来完成了。

pattern 属性用于验证输入框中用户输入的内容是否与自定义的正则表达式相匹配。该属性允许用户指定一个正则表达式，用户输入的内容必须符合正则表达式指定的规则。如需要输入手机号码，简单的验证为需要输入 11 位数字，代码如下：

```
<!DOCTYPE html>
<html lang="en">
<head>
    <meta charset="UTF-8">
    <title>pattern 属性</title>
</head>
<body>
    <form action="">
        <input type="tel" name="tel" placeholder="请输入 11 位数字"
        pattern="[0-9]{11}"/>
        <input type="submit" value="提交"/>
    </form>
</body>
</html>
```

当输入的不是 11 位数字时，执行效果如图 2.15 所示。

图2.15　pattern效果

常用的正则
表达式

2.3.5 height/width

height、width 只用于设置 image 类型的 input 元素的图像高度和宽度。

`<input type="image" src="login.jpg" height="36px" width="80px"/>`

除了本章所学的新增 input 属性外，还有其他一些属性，使用比较简单。在此不赘述。

2.3.6 上机训练

上机练习 3——制作 QQ 会员注册页面

需求说明

利用 HTML5 新增的 input 属性，完善 QQ 会员注册页面，如图 2.16 所示。

（1）将所有的元素放于 form 中。

（2）带*号的为必填项，如果用户未填写，给出提示。

（3）昵称和密码按照要求输入，输入错误提示。

（4）昵称和密码在输入之前要给出提示。

（5）手机号码格式输入错误要给出提示，要求以 13、14、15、18 开头，后面跟 9 个数字。

（6）邮箱和年龄需要设置相应的输入类型，年龄在 18 到 65 岁之间。

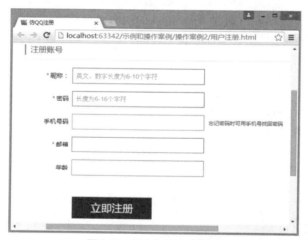

图2.16　QQ会员注册页面

本章作业

一、选择题

1. 以下不是 HTML5 新增 input 类型的是（　　　）。

　　A．url　　　　　　　　B．email　　　　　　　C．color　　　　　　　　D．password

2. 关于 HTML5 新增的 input 类型描述错误的是（　　　）。

　　A．email：电子邮件地址文本框，提交表单时会自动验证 email 的值

　　B．url：网页的 URL，提交表单时会自动验证 url 的值

C．search：用于搜索引擎，提交表单时会自动验证 search 的值

D．color：主要用于选取颜色

3．关于 HTML5 新增的 input 类型 number 的说法错误的是（　　　）。

　　A．HTML5 新增的 input 类型 number 可以设置最大值、最小值

　　B．HTML5 新增的 input 类型 number 的默认值必须为 1

　　C．HTML5 新增的 input 类型 number 可以设置合法的数值间隔

　　D．number 只包含数值字段，能够设定对所接受数字的要求

4．关于 HTML5 新增 placeholder 属性说法正确的是（　　　）。

　　A．页面加载时自动获得焦点

　　B．给出一种提示，描述输入域所期待的值

　　C．规定验证 input 域的模式（正则表达式）

　　D．规定在提交表单时不应该验证 form 或 input 域

5．在 HTML5 表单中，用户验证 input 域的模式（正则表达式）的属性是（　　　）。

　　A．placeholder　　　B．required　　　　C．pattern　　　　D．width、height

二、简答题

1．HTML5 中有哪些常用的 input 类型？

2．在 HTML5 中，新增加的 placeholder 属性有什么作用？

3．用 HTML5 实现如图 2.17 所示的电子产品调查表表单。相关要求如下。

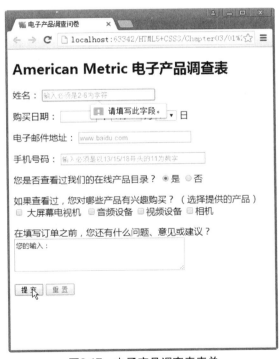

图2.17　电子产品调查表表单

➢ 输入购买日期：月份下拉选项为 1～12 月，日期下拉选项为 1～31 日。

➢ 您是否查看过我们的在线产品目录：默认选中"是"。

➢ 所有的表单元素不能为空。

➢ 使用 placeholder 属性为表单元素添加提示文字。

➢ 重置按钮禁止操作。

➢ 不需要用 pattern 属性写验证条件（后续会详细学习，到时候再添加）。

说明

为了方便读者验证作业答案，提升专业技能，请扫描二维码获取本章作业答案。

第 3 章

CSS3 应用

技能目标

❖ 掌握用 CSS3 设置边框圆角、文本效果和背景
❖ 理解并使用 CSS3 自定义字体

本章知识梳理

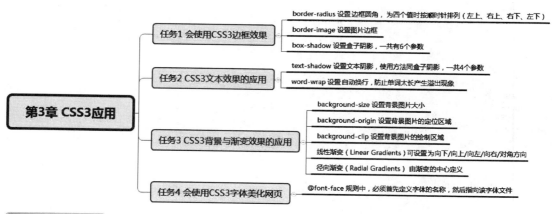

本章简介

　　CSS（Cascading Style Sheet，可译为"层叠样式表"或"级联样式表"）是一组格式设置规则，用于控制 Web 页面的外观。使用 CSS 样式设置页面的格式，可将页面的内容与表现形式分离。页面内容存放在 HTML 文档中，定义表现形式的 CSS 规则存放在另一个文件中或 HTML 文档的某一部分，通常为文件头部分。将内容与表现形式分离，不仅维护网站的外观更加容易，而且 HTML 文档代码更加简练，直接缩短浏览器的加载时间。

　　CSS3 使以前需要使用图片和脚本来实现的效果，现在只需要短短几行代码就能完成，而且能简化前端开发人员的设计过程，加快页面的载入速度。

　　CSS3 是以模块化的方式开发的，加入了很多新的模块，如边框和背景、文本效果和字体、2D/3D 图形、过渡和动画、多列和用户界面等。

预习作业

1. 简答题

（1）如何给边框添加圆角效果？
（2）在 CSS3 中，新增了哪些背景样式？
（3）如何使用 CSS3 自定义字体？

2. 编码题

使用 CSS3 边框效果完成如下要求。
（1）设置一个 300px 宽、300px 高、背景颜色为#F00 的红色正方形盒子。
（2）使用 border-radius 属性将红色正方形盒子变为圆形。
（3）使用 box-shadow 属性给红色圆形添加一个黑灰色的阴影。

任务 1　会使用 CSS3 边框效果

元素的边框（border）是围绕元素内容和内边距的一条或多条线，每个边框有 3 个属性：宽度、样式、颜色。在 HTML 中，既可以使用表格来创建文本周围的边框，也可以使用 CSS 边框属性创建出效果出色的边框。在 CSS3 中，除了上述实现边框效果的方法外，还增加了以下几个属性。

➤ border-radius：创建圆角边框。

➤ border-image：将图片设置为边框。

➤ box-shadow：给边框添加阴影。

3.1.1　CSS3 圆角

在讲解 border-radius 属性之前，先来看一个网页的页面效果，如图 3.1 所示。

图3.1　圆角效果

由图 3.1 能够看出，网页上的所有图片都是圆角效果。要实现这样的效果，以前只能够由 UI 设计师先制作出圆角的背景图。现在有了 CSS3，可以直接使用 border-radius 属性来实现，接下来先学习 border-radius 属性的语法。

1. border-radius 属性的语法

🔖 语法

border-radius：length{1，4}；

border-radius 属性中的属性值 length{1,4}表示后面可以设置 1~4 个值，边框圆角的属性和边框是一样的。下面介绍不同的值分别代表什么意思。

➢ border-radius:length{1}，设置一个属性值，表示 top-left、top-right、bottom-right 和 bottom-left 四个值是一样的，也就是元素的四个圆角效果一样。

➢ border-radius:length{2}，设置两个属性值，表示 top-left 等于 bottom-right，并且取第一个值，top-right 等于 bottom-left，并且取第二个值，也就是左上角和右下角取第一个值，右上角和左下角取第二个值。

➢ border-radius:length{3}，设置三个属性值，第一个值对应 top-left，第二个值对应 top-right 和 bottom-left，第三个值对应 bottom-right。

➢ border-radius:length{4}，设置四个属性值，第一个值对应 top-left，第二个值对应 top-right，第三个值对应 bottom-right，第四个值对应 bottom-left。

 小结

其实上面的描述可以归纳如下。

（1）四个属性值按顺时针排列（左上、右上、右下、左下）。

（2）四个值按顺时针解析，没有的找对边。比如：border-radius 2px 4px 表示四个角的值完整写出来是 border-radius 2px 4px 2px 4px。

2. border-radius 属性对浏览器的兼容性

目前 border-radius 属性在除了 IE 老版本之外的浏览器上都得到较好的支持。各主流浏览器对 border-radius 属性的支持情况如表 3-1 所示。

表 3-1　border-radius 浏览器兼容性

属　　性					
border-radius	9+	3.0+	1.0+	10.5+	3.0+

 经验

由于浏览器版本在不断更新，了解哪个浏览器版本支持哪些 CSS 属性最好的方式是上网查找。

3. border-radius 属性的使用

学习了 border-radius 属性的语法及浏览器兼容性，下面通过简单的示例来了解一下 border-radius 属性的使用，如示例 1 所示，在网页中添加一张图片。

示例 1

```
<html lang="en">
<head>
<meta charset="UTF-8">
    <title>图片效果</title>
```

```
</head>
<body>
    <img src="qq.jpg" alt=""/>
</body>
</html>
```
运行效果如图 3.2 所示。

图3.2　没有圆角效果

在示例 1 的基础上添加如下代码:

img{ border-radius: 10px; }

运行效果如图 3.3 所示。

图3.3　有圆角效果

所谓的圆角效果指的就是在元素的四角横向和纵向分别取 10px 并以垂线交点为圆心画圆。这个 1/4 圆弧就是我们看到的圆角,如图 3.4 所示。

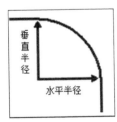

图3.4　圆角示意图

把上面的代码修改一下：

img{ border-radius: 50%; }

将得到如图 3.5 所示的效果。

图3.5　圆形效果

以图片的正中间为圆心，以图片宽（高）为半径画圆，就得到图 3.5 所示的效果。不过要求图片必须是正方形，否则得到的将不是圆形，而是类似于环形跑道的样式。

上面讲解了 border-radius 属性可以设置 1～4 个值，下面还是以 QQ 图片为例，通过在页面中引入 4 张 QQ 图片来分别演示 border-radius 属性取 1～4 个值时所呈现的不同效果，代码如示例 2 所示。

示例 2

```
<!DOCTYPE html>
<html lang="en">
<head>
<meta charset="UTF-8">
    <title>圆角样式</title>
    <style>
        #img1 {
            -webkit-border-radius: 50%;
            -moz-border-radius: 50%;
            border-radius: 50%;
        }
        #img2 {
            -webkit-border-radius: 10px 50px;
            -moz-border-radius: 10px 50px;
            border-radius: 10px 50px;
        }
        #img3 {
            -webkit-border-radius: 10px 50px 80px;
            -moz-border-radius: 10px 50px 80px;
            border-radius: 10px 50px 80px;
        }
        #img4 {
```

```
        -webkit-border-radius: 10px 30px 50px 70px;
        -moz-border-radius: 10px 30px 50px 70px;
        border-radius: 10px 30px 50px 70px;
    }
    </style>
</head>
<body>
    <img id="img1" src="../qq.jpg" alt=""/>
    <img id="img2" src="../qq.jpg" alt=""/>
    <img id="img3" src="../qq.jpg" alt=""/>
    <img id="img4" src="../qq.jpg" alt=""/>
</body>
</html>
```

运行效果如图 3.6 所示。

图3.6　border-radius属性的几种情况

通过示例 2 的代码，我们会发现在 style 样式中 border-radius 属性的前面添加了不同的前缀，这是因为不同浏览器的兼容性不一样，所以 border-radius 属性需要根据不同的浏览器内核添加不同的前缀，比如 Mozilla 内核需要加上 "-moz"，而 WebKit 内核需要加上 "-webkit" 等。

3.1.2　CSS3 边界图片

在 CSS 中，设计元素边框时只能设置边框宽度、颜色和样式（实线、虚线），如果想让边框样式多样，只能通过背景图片做边框。CSS3 中增加了 border-image 属性，可以实现将图片设为边框，但目前支持此属性的浏览器有限，仅 Firefox 3.5、Chrome、Safari 3+支持。

1．border-image 属性的语法

语法

border-image:none | <image> [<number> | <percentage>]{1,4} [/ <border-width>{1,4}]? [stretch | repeat |round]{0,2}

border-image 的参数如下。

➤ none：是 border-image 的默认值，如果取值为 none，表示边框无背景图片。

➤ <image>：设置 border-image 的背景图片，此处跟 background-image 一样，可以使用绝对或相对的 URL 地址来指定背景图片。

> <number>：number 是一个数值，用来设置边框的宽度，其单位是 px，与 border-width 取值一样，可以使用 1～4 个值，分别表示上、右、下、左四个方位的值。

> <percentage>：percentage 也是用来设置边框的宽度，跟 number 的不同之处是，其使用百分比值来设置边框宽度。

> stretch，repeat，round：用来设置边框背景图片的铺放方式，类似于 background-position，其中 stretch 是拉伸，repeat 是重复，round 是平铺，stretch 为默认值。

2. border-image 属性的使用

border-image 属性的使用方法如示例 3 所示。

示例 3

```html
<!DOCTYPE html>
<html lang="en">
<head>
<meta http-equiv="Content-Type" content="text/html; charset=gb2312"/>
    <title>带图片的边框</title>
    <style>
        #container {
            width: 790px;
            margin: 0 auto;
            border: 10px solid #ccc;
            /*图片边框*/
            -moz-border-image: url(images/bg.jpg) 10 round;
            -webkit-border-image: url(images/bg.jpg) 10 round;
            -o-border-image: url(images/bg.jpg) 10 round;
            border-image: url(images/bg.jpg) 10 round;
        }
        header {
            width: 790px;
            height: 150px;
            background-image: url(images/head.jpg);
        }
        /*省略部分 CSS 代码*/
    </style>
</head>
<body>
    <div id="container">
        <header></header>
        <section>
            <nav>
                <ul>
                    <li><a href="#"><span></span>首页</a></li>
                    <li><a href="#"><span></span>新产品</a></li>
```

```
                    <!--省略部分导航内容-->
                </ul>
            </nav>
        </section>
        <section>
            <article>
                <h2>微软公司  简介</h2>
                <p>微软，是一家总部位于美国的跨国科技公司，是世界 PC（Personal Computer，
个人计算机）软件开发的先导，由比尔·盖茨与保罗·艾伦创办于 1975 年，公司总部设立在华盛顿州的
雷德蒙德（Redmond，邻近西雅图），以研发、制造、授权和提供广泛的电脑软件服务业务为主。
                <!--省略部分介绍内容-->
                </p>
            </article>
        </section>
        <footer>
            Copyright@ 2011 | Designed by us
            <a href="#/" target="_parent">联系我们</a>
        </footer>
    </div>
</body>
</html>
```

示例 3 的效果如图 3.7 所示，四面的边框是图片，中间是网页内容部分（本示例为了
突出效果，图片边框宽度设置得比较大）。

图3.7　图片边框

3.1.3　CSS3 盒子阴影

box-shadow 也是 CSS3 新增的一个重要属性，用来定义元素的盒子阴影。下面就详细
地介绍 box-shadow 属性的语法及使用。

1. box-shadow 属性的语法

语法

box-shadow: h-shadow v-shadow blur spread color inset;

box-shadow 属性的 6 个参数的详细说明，参见表 3-2。

表 3-2　box-shadow 参数

类　　型	说　　明
h-shadow	必需，表示水平阴影的位置，允许负值
v-shadow	必需，表示垂直阴影的位置，允许负值
blur	可选，模糊距离
spread	可选，表示阴影的尺寸
color	可选，表示阴影的颜色
inset	可选，将外部阴影（outset）改为内部阴影

其中 h-shadow 是必需的，指水平阴影的位置，如果为负数，元素左侧有阴影；v-shadow 也是必需的，指垂直阴影的位置，如果为负数，元素上面有阴影。

2. box-shadow 属性对浏览器的兼容性

box-shadow 属性目前在各主流浏览器中的支持情况还是很好的，除了 IE8 及之前版本的浏览器，目前主流浏览器中都无需加前缀，如果还想支持更老的浏览器版本，加上各自的浏览器前缀也是可以的。主流浏览器对 box-shadow 属性的支持如表 3-3 所示。

表 3-3　box-shadow 浏览器兼容

属　　性					
box-shadow	9+	3.5+	2.0+	10.5+	4.0+

3. box-shadow 属性的使用

比起用图片制作盒子阴影来说，使用 box-shadow 属性修改元素的阴影要方便得多，并且从 box-shadow 的语法上，可以看出它的每个属性值都可以自由设置，这就意味着我们可以随意设置出不同的阴影效果。下面来看一个简单的阴影效果，如示例 4 所示。

示例 4

```
<!DOCTYPE html>
<html lang="en">
<head>
    <meta charset="UTF-8">
    <title>阴影效果</title>
    <style>
    img {
```

```
        -moz-border-radius: 10px; /*Mozilla（Firefox 等浏览器）*/
        -webkit-border-radius: 10px; /*WebKit（Chrome 等浏览器）*/
        border-radius: 10px;
        filter: progid:DXImageTransform.Microsoft.Shadow(color='#999999',
        Direction=135, Strength=5); /*IE6,7,8*/
        -moz-box-shadow: 2px 2px 5px #999999; /*Mozilla（Firefox 等浏览器）*/
        -webkit-box-shadow: 2px 2px 5px #999999; /*WebKit（Chrome 等浏览器）*/
        box-shadow: #999999 10px 15px 2px;
    }
    </style>
</head>
<body>
    <img src="../qq.jpg" alt=""/>
</body>
</html>
```

运行效果如图 3.8 所示。

图3.8　阴影效果

示例 4 中，"box-shadow: #999999 10px 15px 2px;"这行代码表示阴影颜色是#999999，阴影向右偏移 10px，向下偏移 15px，模糊程度是 2px，模糊程度的值越大，阴影越模糊。

实际开发过程中阴影的偏移值往往设置得比较小，这样阴影会显得不突兀。设置阴影的代码可以按照如下写法：

```
box-shadow: rgba(30,30,30,0.4) 4px 4px 2px;
```

其中，rgba 函数用于设置阴影颜色和透明度，阴影水平和垂直偏移都是 4px，模糊程度是 2px，效果如图 3.9 所示。

图3.9　改进后的阴影效果

3.1.4 上机训练

上机练习 1——制作美容热点产品列表

训练要点

（1）使用无序列表<ul>制作热点产品列表。

（2）使用 border 属性设置边框样式。

（3）使用 margin 和 padding 设置外边距和内边距。

（4）使用 background 设置页面背景。

（5）使用后代选择器设置列表编号背景样式。

（6）使用 border-radius 制作圆形背景效果。

需求说明

制作如图 3.10 所示的美容热点产品列表页面，要求如下。

（1）页面背景颜色为浅黄色，美容热点产品列表背景颜色为白色。

（2）标题放在段落标签中，标题背景颜色为桃红色，字体颜色为白色。

（3）使用无序列表<ul>制作美容产品列表，两个产品之间使用虚线隔开。

（4）超链接字体颜色为灰色、无下划线，数字颜色为白色，数字背景为灰色圆圈；当鼠标移至超链接上时，超链接字体颜色为桃红色、无下划线，数字颜色为白色，数字背景为桃红色圆圈。

（5）设置数字背景为灰色圆圈可以使用 border-radius 来实现。

图3.10　美容热点产品页面

实现思路及关键代码

（1）页面背景颜色直接使用标签选择器 body 设置。

（2）使用 margin 和 padding 设置段落标签、无序列表标签的外边距、内边距为 0px。

（3）使用 list-style-type 设置列表的项目符号为无。

（4）使用 border-bottom 设置列表下边框为虚线边框。

（5）使用 a 和 a:hover 分别设置超链接样式和鼠标悬停在超链接上的样式。

（6）把列表前的数字放在<span>标签中，使用后代选择器设置数字超链接样式及背景样式和鼠标悬停在超链接上的数字超链接样式及背景样式，数字上的背景不使用图片，而是使用 border-radius 属性来实现，关键代码如下所示。

```
#beauty a span {
    color:#FFF;
    font-weight:bold;
    margin-right: 10px;
    display: inline-block;
    width: 20px;
    height: 20px;
    border-radius: 50%;
    background: #373b3c;
    line-height: 20px;
    text-align: center;
}
#beauty a:hover span {
    background: #e9185a;
}
```

任务 2　CSS3 文本效果的应用

3.2.1　CSS3 文本阴影

text-shadow 属性和 box-shadow 属性的用法和参数基本相同，box-shadow 是给盒子模型添加阴影效果，而 text-shadow 是给文字添加阴影。

1．text-shadow 属性的语法

语法

text-shadow: h-shadow v-shadow blur spread color inset;

以表格的形式详细说明 text-shadow 属性的 4 个参数，参见表 3-4。

表 3-4　text-shadow 参数

类　　型	说　　明
h-shadow	必需，表示水平阴影的位置，允许负值
v-shadow	必需，表示垂直阴影的位置，允许负值
blur	可选，模糊距离
color	可选，表示阴影的颜色，请参阅 CSS 颜色值

2. text–shadow *属性的使用*

text-shadow 属性同上面讲解的 CSS3 圆角、盒子阴影等一样，也有兼容性问题，因此在使用时也需要添加浏览器的前缀，具体见示例 5。

示例 5

```
<!DOCTYPE html>
<html lang="en">
<head>
    <meta charset="UTF-8">
    <title>文字阴影</title>
    <style>
        div {
            font-size: 40px;
            color: #294f7b;
            font-weight: bold;
            -moz-text-shadow: 6px 4px 2px #777; /*Firefox*/
            -webkit-text-shadow: 6px 4px 2px #777; /*WebKit*/
            text-shadow: 6px 4px 2px #777;
        }
    </style>
</head>
<body>
    <div>text-shadow 阴影效果</div>
</body>
</html>
```

运行效果如图 3.11 所示。

图3.11　文字阴影效果

通过阴影可以做出一些非常绚丽的文字效果，如示例 6 就通过文字阴影做出了浮雕效果。

示例 6

```
<!DOCTYPE html>
<html lang="en">
<head>
    <meta charset="UTF-8">
    <title>浮雕效果</title>
    <style>
```

```
        body{
            background: #000;
        }
        div{
            padding:30px;
            font-size: 60px;
            font-weight: bold;
            color:#DDD;
            background: #ccc;
            -moz-text-shadow: -1px -1px #fff,2px 2px #222; /*Firefox*/
            -webkit-text-shadow: -1px -1px #fff,2px 2px #222; /*WebKit*/
            text-shadow: -1px -1px #fff,2px 2px #222;
        }
    </style>
</head>
<body>
    <div>text-shadow 浮雕效果</div>
</body>
</html>
```

页面效果如图 3.12 所示。

图3.12　浮雕效果

3.2.2　word-wrap 属性

word-wrap 属性用来设置长的内容可以自动换行，以防止当一个单词太长找不到它的自然断句点时产生溢出现象。

1．word-wrap 属性的语法

> 语法

word-wrap:normal|break-wrad;

以表格的形式说明 word-wrap 属性的两个属性值，参见表 3-5。

表 3-5　word-wrap 属性

值	说　　明
normal	只在允许的断句点换行（浏览器保持默认处理）
break-word	在长单词或 URL 地址内部进行换行

2. word-wrap 属性的使用

学习了 word-wrap 属性的语法后，接下来通过示例 7 学习 word-wrap 属性的使用。

示例 7

```
<!DOCTYPE html>
<html lang="en">
<head>
    <meta charset="UTF-8">
    <title>断句效果</title>
    <style>
        p{
            border:1px solid: #000;
            width:300px;
        }
    </style>
</head>
<body>
    <p>this is a long worddddddddddddddddddddddddddddddddddddddddddd</p>
</body>
```

运行效果如图 3.13 所示。

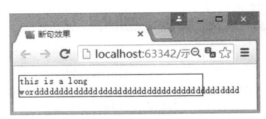

图3.13　无换行效果

在示例 7 中为 p 元素添加如下样式：

-ms-word-wrap: break-word;/*IE*/
word-wrap: break-word;

运行效果见图 3.14。

图3.14　有换行效果

可见 word-wrap 属性主要用于在 div 或 p 元素的末尾遇见长单词时，允许单词换行显示，以防止溢出。

任务 3　CSS3 背景与渐变效果的应用

3.3.1　CSS3 背景

在 CSS3 中新增了如下几个设置背景的属性。

➤ background-size：规定背景图片的大小。

➤ background-origin：规定背景图片的定位区域。

➤ background-clip：规定背景图片的绘制区域。

其中 background-origin 和 background-clip 都有 3 个固定的属性值，具体说明见表 3-6。

表 3-6　背景属性

属性值	background-origin 属性	background-clip 属性
padding-box	背景图像相对于内边框来定位	背景被裁切到内边框
border-box	背景图像相对于边框盒来定位	背景被裁切到边框盒
content-box	背影图像相对于内容框来定位	背景被裁切到内容框

下面重点讲解 CSS3 新增的 background-size 属性，这个属性使用频率很高，可以帮助 Web 设计师实现一些特殊的效果。例如，设计师想直接对背景图片的大小进行控制，这时候就需要用到 background-size 属性了。

 经验

使用背景图片的注意事项如下。

① 使用背景图片的那个元素必须有宽度和高度，不然背景图显示不出来。

② 背景图片在元素中显示时是按自己本身的宽度、高度来平铺的，和外面包裹的元素宽高无关。

为了更好地看出 background-size 属性的工作机制，接下来通过示例 8 来分析。

示例 8

```
<!DOCTYPE html>
<html>
<head lang="en">
    <meta charset="UTF-8">
    <title></title>
    <style>
        div {
            width: 200px;
            height: 130px;
            border: 1px solid red;
            background: url("img/bg_flower.gif") no-repeat;
```

```
            }
        </style>
    </head>
    <body>
        <div></div>
    </body>
</html>
```

在示例 8 中，给 div 元素设置了宽度 200px、高度 130px、1px 的边框以及一张背景图片。显示效果如图 3.15 所示。

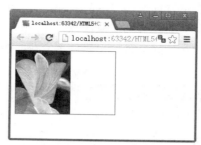

图3.15　背景图像默认显示

1．auto

首先来看第一种效果，当 background-size 取值为 auto 时，代码如下：

```
div {
        width: 200px;
        height: 130px;
        border: 1px solid red;
        background: url("img/bg_flower.gif") no-repeat;
        background-size: auto;
    }
```

显示效果如图 3.16 所示。

图3.16　background-size取值为auto的效果

对比图 3.15 和图 3.16 可以发现，设置为 auto 后背景图片没有发生任何变化。auto 就是使背景图片保持原样，是默认值。

第二种效果，在前面的基础上修改，把 background-size 的属性值设置为固定的像素值，例如：

```
div {
    ……
    background-size: 120px    60px;
}
```

这时候 div 元素的背景图片就不是默认的尺寸了，而是宽为 120px、高为 60px，同时背景图片由于拉伸造成了失真。显示效果如图 3.17 所示。

如果将 background-size 的第二个属性值 60px 去掉，就相当于"120px　auto"，这时背景图片的高度会根据宽度做调整，显示效果如图 3.18 所示。

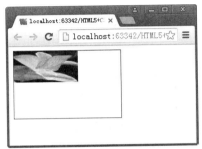
图3.17　background-size取固定像素的效果

图3.18　background-size取一个值的效果

2．percentage

除了数值和单位标识符组成的长度之外，background-size 还可以使用 0%~100%的百分比值，但使用百分比值时不是相对于背景的尺寸大小来计算，而是相对于元素的宽度来计算。例如，这个例子中 div 宽度是 200px，当 background-size 取值为(50% 80%)时，背景图片的尺寸变成宽度 100px（200px×50%），高度 104px（130px×80%），显示效果如图 3.19 所示。

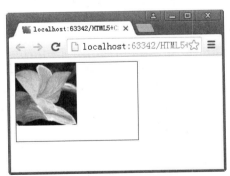
图3.19　background-size取百分比值的效果

3．cover

当 background-size 取值为 cover 时，代码如下：

```
div {
    ……
```

```
background-size: cover;
}
```
显示效果如图 3.20 所示。背景图片放大填满了整个 div。

图3.20 background-size取值为cover的效果

有一个细节需要注意，放大后的背景图片不是在正中间显示。为了让背景图片放大后在中间显示，需要设置 background-position 属性为 center，效果如图 3.21 所示。

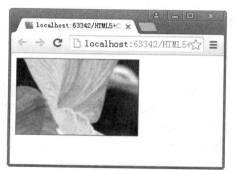

图3.21 background-size制作全屏背景的效果

 经验

　　background-size: cover 常配合 background-position: center 来制作满屏背景效果。这个搭配的唯一缺点是，需要制作一张足够大的背景图片，否则在较大分辨率的浏览器下显示会致使背景图片失真。

4. contain

background-size 属性还有一种取值为 contain，可以让背景图片保持本身的宽高比例，将背景图片缩放到宽度或者高度正好适应所定义背景的区域，代码如下。
```
div {
    ……
    background-size: contain;
}
```
显示效果如图 3.22 所示。整个背景根据背景区域对背景图片进行了宽高比例的缩放。

和 cover 取值不同，contain 在某些情况下会让背景图片填充整个容器的大小，而相同之处
是在背景图像没处理好时，也会使背景图片失真。

图3.22　background-size取值为contain的效果

 总结

通过上面的学习可以知道，只有当 background-size 取默认值 auto 时，背景图片
才不会失真，其他取值都有可能使背景图片失真，所以使用的时候要仔细考虑，以免
带来不良后果。

background-origin 属性和 background-clip 属性的语法及使用
方法在这里不做详细的讲解，想了解的读者，可自行扫描二维码
学习。

background-origin和
background-clip属性

3.3.2　CSS3 渐变

一直以来，Web 设计师都是通过图形软件先设计好渐变效果，
然后再以图片形式或者背景形式使用到网页中，仅从页面视觉效
果来说，没什么问题。

可是这种方法比较麻烦，首先设计师设计，然后切图，再通过样式应用到页面，最主
要是在实际开发中，这样做会导致页面可扩展性非常差。如果要换颜色或大小又得把前面
的过程重新实现一遍，非常麻烦，直接影响网页性能。

值得庆幸的是，W3C 组织将渐变纳入 CSS3 标准中，可以直接通过 CSS3 的渐变属性
制作类似渐变图片的效果。下面就来介绍如何在页面中使用 CSS3 渐变属性。

1. 浏览器对 CSS3 渐变的兼容性

同前面所学习的知识一样，CSS3 渐变也存在着兼容性的问题，具体如表 3-7 所示。

表 3-7　渐变的浏览器兼容性

属　　性					
Gradient	10+	19.0+	26.0+	12.1+	5.1+

2. CSS3 线性渐变

线性渐变是指颜色沿着一条直线过渡：从左到右、从右到左、从上到下等。利用 CSS3 制作的渐变效果其实和软件中制作的渐变没什么区别，都是指定渐变的方向、起始颜色、结束颜色。通过这三个参数就可以制作出一个简单的、普通的渐变效果。

语法

linear-gradient (position， color1， color2，….)
CSS3 渐变的具体使用如示例 9 所示。

示例 9

```
......
<style>
        div {
            width: 100px;
            height: 100px;
            background: linear-gradient(to top, orange, blue);
            background: -webkit-linear-gradient(to top, orange, blue);
        }
    </style>
</head>
<body>
<div></div>
</body>
......
```

在浏览器中的显示效果如图 3.23 所示。

图3.23　to top渐变效果

本示例中渐变的方向使用的是"to top"，表示第一种颜色向第二种颜色渐变的方向是从底部到顶部。还可以设置其他的渐变方向：

to bottom：第一种颜色向第二种颜色渐变的方向是从顶部到底部；

to left：第一种颜色向第二种颜色渐变的方向是从右边到左边；

to right：第一种颜色向第二种颜色渐变的方向是从左边到右边；

to top left：第一种颜色向第二种颜色渐变的方向是从右下方到左上方；

to top right：第一种颜色向第二种颜色渐变的方向是从左下方到右上方；

to bottom left：第一种颜色向第二种颜色渐变的方向是从右上方到左下方；

to bottom right：第一种颜色向第二种颜色渐变的方向是从左上方到右下方。

建议

可以把每种渐变方向都实际操作一下，以加强线性渐变使用的熟练度。

颜色值可以使用前面章节介绍过的表示方法，如 RGBA 等。

除了线性渐变外，CSS3 还有一种渐变方式，即径向渐变（radial-gradient）。径向渐变是圆形或椭圆形渐变，颜色不再沿着一条直线变化，而是从一个起点向所有方向混合。其语法、使用等和线性渐变差不多，在实际使用中也没有线性渐变广泛，这里就不详细讲解了，读者可以自己去实践。

3.3.3　上机训练

上机练习 2——制作家用电器商品分类页面

需求说明

制作如图 3.24 所示的家用电器分类页面，页面要求如下。

（1）标题分别使用 h2 和 h3 标签，电器分类使用无序列表布局。

（2）家用电器分类页面总宽度为 300px。

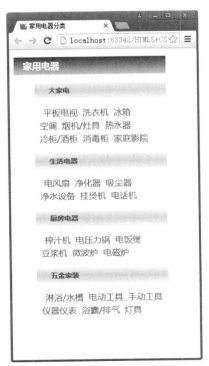

图3.24　家用电器分类页面

（3）大标题向内缩进 1 个字符，且设置字体大小为 18px、白色、加粗显示，行距 35px，背景使用线性渐变（#0467ac,#63a7d6,#b6dbf5）。

（4）电器分类字体大小为 14px、加粗显示，行距 30px，背景使用线性渐变（#e4f1fa,#bddff7,#e4f1fa），电器分类超链接字体颜色为蓝色（# 0565c6）、无下划线，当鼠标悬浮于超链接上时出现下划线。

（5）分类内容字体大小为 12px，行距 26px，超链接字体颜色为灰色（#666666）、无下划线，当鼠标悬浮于超链接上时字体颜色为棕红色（#F60），并且显示下划线。

任务 4　会使用 CSS3 字体美化网页

在 CSS3 中自定义字体

在 CSS3 之前，Web 设计师只能使用用户计算机中已经安装的字体，如果想用自己喜欢的字体，需要先用 Photoshop 把文字截成图片形式，然后放置在需要的位置，操作比较复杂，修改也比较麻烦。

通过 CSS3，Web 设计师可以使用自己喜欢的任意字体。使用时只需将字体文件存放到 Web 服务器上，在需要时就会自动下载到用户的计算机上。该字体是 Web 设计师在 CSS3 的@font-face 规则中定义的。

语法

```
@font-face{
    font-family:<webFontName>; //自定义的字体名称
    src:<source>[<format>]; //引用外部字体的路径
    [font-weight]:<weight>; //字体的加粗
    [font-style]:<style>; //字体的样式
}
```

下面通过示例 10 演示一下如何在 CSS3 中引入字体。

示例 10

```
<!doctype html>
<html lang="en">
<head>
    <meta charset="UTF-8">
    <title>自定义字体</title>
    <style>
        *{padding:0;margin:0;}
        .container{width:600px;margin:50px auto;}
        h2{font-size:16px;margin-top:30px;color:#096;}
        p{margin-top:10px;}
        /**字体应用**/
        @font-face {
```

```
            font-family: 'SingleMaltaRegular';
            /*引入字体文件，保证浏览器兼容性*/
            src: url('fonts/shimesone_personal-webfont.eot');
            src: url('fonts/shimesone_personal-webfont.eot?#iefix') format('embedded-opentype'),
            url('fonts/shimesone_personal-webfont.woff') format('woff'),
            url('fonts/shimesone_personal-webfont.ttf') format('truetype'),
            url('fonts/shimesone_personal-webfont.svg#SingleMaltaRegular') format('svg');
            font-weight: normal;
            font-style: normal;
        }
        .fonts{
            font-size:80px;
            font-family:"SingleMaltaRegular";
        }
    </style>
</head>
<body>
    <div class="container">
        this is a sunny day
        <p class="fonts">this is a sunny day </p>
    </div>
</body>
</html>
```

示例 10 中自定义了一个名字为 shimesone 的字体，并通过 src 引入 4 个字体文件：

shimesone_personal-webfont.eot

shimesone_personal-webfont.svg

shimesone_personal-webfont.ttf

shimesone_personal-webfont.woff

引入 4 个字体文件的目的是保证在所有类型的浏览器上都能正常显示。浏览器对字体的支持信息见表 3-8。

表 3-8　浏览器对字体的支持

浏览器	@font-face	.ttf	.woff	.eot	.svg
	4+	9+	9+	4+	
	3.5+	3.5+	3.6+		
	4+	4+	6+		4+
	3.1+	3.1+	6+		3.1+
	10+	10+	11.1+		10+

示例 10 的显示效果如图 3.25 所示。

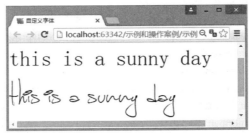

图3.25　自定义字体对比

本章作业

一、选择题

1．关于 CSS3 边框，以下描述错误的是（　　　）。
    A．border-radius：用于创建圆角　　　　B．border-image：使用图片创建边框
    C．box-shadow：用来添加盒子阴影　　　D．text-shadow：用来添加盒子阴影

2．以下哪个是规定背景图片尺寸的属性？（　　　）
    A．background-size　　　　　　　　　　B．background-color
    C．background-clip　　　　　　　　　　D．background-origin

3．以下选项中哪个代表的是 CSS3 线性渐变？（　　　）
    A．background-size　　　　　　　　　　B．Linear Gradients
    C．Radial Gradients　　　　　　　　　　D．background-origin

4．以下哪个不是 text-shadow 的属性值？（　　　）
    A．h-shadow　　　　B．v-shadow　　　　C．blur　　　　　　D．inset

5．在 CSS3 自定义字体中，必需的属性是哪两个？（　　　）
    A．font-family、src　　　　　　　　　　B．font-family、font-weight
    C．font-weight、src　　　　　　　　　　D．font-style、font-stretch

二、简答题

1．CSS3 圆角可以设置几个值？每个值分别代表什么？

2．在 CSS 中，常用的背景属性有哪几个？它们的作用是什么？

3．制作如图 3.26 所示的席慕容的诗《初相遇》页面，页面要求如下。
➤ 页面总宽度 400px，整体背景颜色采用线性渐变（#caeffe，# ffffed）。
➤ 使用<h1>标签排版文本标题，字体大小为 18px，黑色文字阴影。
➤ 使用<p>标签排版文本正文，首行缩进为 2em，行高为 22px。
➤ 首段第一个"美"字的字体大小为 18px、加粗显示，黑色和白色文字阴影；第二段中的"胸怀中满溢……在我眼前"字体风格为倾斜，颜色为蓝色，字体大小为 16px。正文其余文字的字体大小为 12px。
➤ 最后一段文字带下划线。

➤ 使用外部样式表创建页面样式。

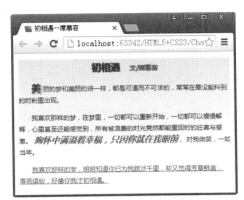

图3.26　《初相遇》页面

4. 制作如图 3.27 所示的畅销书排行榜页面，页面要求如下。

➤ 标题字体大小为 16px、白色、向内缩进 1 个字符，行距 30px，背景为绿色（#518700），"榜"字以背景图片方式实现，背景尺寸按照自身宽高比例缩放去填充容器。

➤ 列表内容使用无序列表<ul>实现，列表前的图标使用背景图片实现；使用结构伪类选择器选择每个列表项并设置背景图片，列表内容的背景颜色使用线性渐变（#f9fbcb，#f8f8f3），字体大小为 12px，行距为 28px，超链接文本字体颜色为 #1A66B3，无下划线，当鼠标移至超链接文本上时字体颜色不变，显示下划线。

图3.27　畅销书排行榜页面

说明

　　为了方便读者验证作业答案，提升专业技能，请扫描二维码获取本章作业答案。

第 4 章

CSS3 高级应用

本章任务

任务 1: CSS3 2D 变形的应用
任务 2: CSS3 3D 变形的应用

技能目标

❖ 使用 2D 变形方法对元素进行移动、缩放、倾斜和旋转
❖ 能够在 3D 空间中改变元素的形状、位置和大小

本章知识梳理

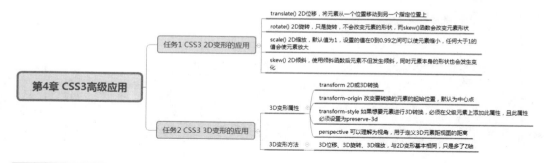

本章简介

一直以来 CSS 给人们的印象，就是页面布局和美化。通过 CSS 能够对页面进行精细的布局，同时也能使结构和样式分离。如果要修改网页的样式，只修改样式表就可以，甚至有些网站同时制作了多套样式表，使改变网站的整体风格变得非常容易。如果在网页中遇到动画，或者元素要动态改变大小、形状、位置等，CSS 将无能为力，这时就要用到 JavaScript，甚至 Flash 动画了。

但是 CSS3 的出现改变了人们对 CSS 的认知，通过使用 2D、3D 变形方法也可以实现动画效果。

预习作业

简答题

（1）使用 CSS3 中的 2D 变形分别可以操作元素的哪些效果？

（2）在 CSS3 3D 变形中，有哪些转换属性？

任务 1 CSS3 2D 变形的应用

4.1.1 2D 变形简介

CSS3 变形是一些效果的集合，比如平移、旋转、缩放、倾斜等，每个效果都可以称为变形（Transform），它们可以操控元素发生平移、旋转、缩放、倾斜等变化。这些效果在之前都需要依赖图片、Flash 动画、JavaScript 才能完成。现在可以使用纯 CSS3 来实现而不需要一些额外的文件，既提升了开发的效率，也提高了页面的执行速度。

CSS3 变形是通过 transform 实现的，它可以作用在块元素和行内元素上，可以旋转、缩放、移动元素，它的基本语法如下：

语法

transform：[transform-function] *;

transform-function：设置变形函数，可以是一个，也可以是多个，中间用空格分开。常用的变形函数如下所示。

> translate()：平移函数，基于 *x*、*y* 坐标重新定位元素的位置。
> scale()：缩放函数，可以使任意元素的对象尺寸发生变化。
> rotate()：旋转函数，取值是一个度数值。
> skew()：倾斜函数，取值是一个度数值。

4.1.2　浏览器兼容性

上一章介绍的 CSS3 属性都有兼容性问题，CSS3 2D 变形也不例外。下面了解一下 2D 变形在主流浏览器中的支持情况，如表 4-1 所示。

表 4-1　2D 变形浏览器兼容性

属　　性					
2D transform	9+	3.5+	4.0+	10.5+	3.1+

CSS3 的 2D 变形虽然得到众多浏览器的支持，但是实际使用的时候还需要添加浏览器各自的私有属性（前缀）。

在 IE9 中使用 2D 变形时，需要添加-ms-前缀，IE10 以后开始支持标准版本。

Firefox3.5 至 Firefox15.0 版本需要添加前缀-moz-，Firefox16 以后开始支持标准版本。

Chrome4.0 开始支持 2D 变形，在实际使用中需要添加前缀-webkit-。

Opera10.5 开始需要添加前缀-o-。

Safari3.1 开始支持 2D 变形，在实际使用中需要添加前缀-webkit-。

4.1.3　2D 变形

在二维空间或三维空间，元素都可以被扭曲、移动、旋转。只不过 2D 变形是在 *x* 轴和 *y* 轴上变换，也就是大家常说的水平轴和垂直轴。

在 CSS3 中 2D 变形具体可以实现什么功能？又如何使用呢？接下来就一一讲解。

1. 2D 位移

位移指的是将元素从一个位置移动到另一个位置，可以使用 translate()函数让元素在 *x* 轴、*y* 轴上任意移动而不影响 *x* 轴或 *y* 轴上的其他元素。

语法

translate(tx,ty)

tx：表示 *x* 轴（横坐标）移动的向量长度，如果为正值，元素向 *x* 轴右边移动，为负值则向 *x* 轴左边移动。

ty：表示 *y* 轴（纵坐标）移动的向量长度，如果为正值，元素向 *y* 轴下边移动，为负

值则向 y 轴上边移动。可以参考图 4.1。

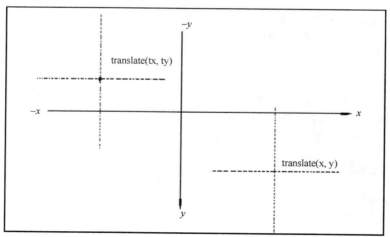

图4.1　translate()函数移动坐标示意图

tx 或 ty 常用的单位是 px，也可以使用百分比。

下面通过示例 1 来介绍如何使用 translate()函数。

示例 1

```
……
<title>translate 的使用</title>
    <style>
        li{
            list-style: none;
            float: left;
            width: 80px;
            line-height: 40px;
            background: rgba(242, 123, 5, 0.61);
            border-radius: 6px;
            font-size: 16px;
            margin-left: 3px;
        }
        li a{
            text-decoration: none;
            color: #fff;
            display: block;
            text-align: center;
            height: 40px;

        }
        li a:hover{
            background: rgba(242, 88, 6, 0.87);
            border-radius: 6px;
```

```
        /*设置 a 元素在鼠标移入时向右下角移动 4px，8px*/
            transform: translate(4px,8px);
            -webkit-transform: translate(4px,8px);
            -o-transform: translate(4px,8px);
            -moz-transform: translate(4px,8px);
        }
    </style>
</head>
<body>
    <ul>
        <li><a href="#">服装城</a></li>
        <li><a href="#">美妆馆</a></li>
        <li><a href="#">超市</a></li>
        <li><a href="#">全球购</a></li>
        <li><a href="#">闪购</a></li>
        <li><a href="#">团购</a></li>
        <li><a href="#">拍卖</a></li>
        <li><a href="#">金融</a></li>
    </ul>
</body>
</html>
```

在浏览器中的显示效果如图 4.2 所示。可以发现导航条在鼠标移上去时会向右下方移动，这样在视觉效果上给用户的感觉就好像是导航条动了。同样，x 轴或 y 轴的偏移量也可以设置为负值，那样偏移的方向就会相反。

图4.2　translate动画效果

　注意

当 translate()函数只有一个值的时候，表示水平偏移；如果只设置垂直偏移，就必须设置第一个参数值为 0，第二个参数值是垂直偏移量。

如果只想设置一个方向上的位移，还可以使用如下函数。

➤ translateX(tx)：表示只设置 x 轴的位移，transform:translate(100px,0)实际上等于 transform:translateX(100px)。

➤ translateY(ty)：表示只设置 y 轴的位移，transform:translate(0,100px)实际上等于 transform:translateY(100px)。

2. 2D 缩放

scale()函数用来缩放元素大小，该函数包含两个参数值，分别定义宽度和高度的缩放比例，默认值为 1。0 到 0.99 之间的任意值都能让元素缩小，而大于 1 的任意值都能让元素放大。

scale()函数和 translate()函数的语法非常相似，可以只接受一个值，也可以接受两个值，只有一个值时，第二个值默认和第一个值相等，例如 scale(2)和 scale(2, 2)都会让元素放大 2 倍。

语法

scale(sx, sy)或者 scale(sx)

sx：指定横坐标（宽度）方向的缩放量。

sy：指定纵坐标（高度）方向的缩放量。

下面为示例 1 中的导航菜单添加缩放的功能，让导航菜单更好用。具体代码如示例 2 所示。

示例 2

```
……
<title>scale 的使用</title>
    <style>
        li{
            list-style: none;
            float: left;
            width: 80px;
            line-height: 40px;
            background: rgba(242, 123, 5, 0.61);
            border-radius: 6px;
            font-size: 16px;
            margin-left: 3px;
        }
        li a{
            text-decoration: none;
            color: #fff;
            display: block;
            text-align: center;
            height: 40px;

        }
        li a:hover{
            background: rgba(242, 88, 6, 0.87);
            border-radius: 6px;
            /*设置 a 元素在鼠标移入时放大 1.5 倍显示*/
            transform: scale(1.5);
```

```
            -webkit-transform: scale(1.5);
            -moz-transform: scale(1.5);
            -o-transform: scale(1.5);
        }
    </style>
</head>
<body>
    <ul>
        <li><a href="#">服装城</a></li>
        <li><a href="#">美妆馆</a></li>
        <li><a href="#">超市</a></li>
        <li><a href="#">全球购</a></li>
        <li><a href="#">闪购</a></li>
        <li><a href="#">团购</a></li>
        <li><a href="#">拍卖</a></li>
        <li><a href="#">金融</a></li>
    </ul>
</body>
</html>
```

在浏览器中的显示效果如图 4.3 所示。可以发现导航条在鼠标移上去时放大了 1.5 倍，就是它实际尺寸的 150%。scale(1.5)只声明了一个值，与设置为 scale(1.5, 1.5)实现的效果是一样的。

图4.3　scale动画效果

　注意

除了使用 scale()函数设置元素在 x 轴和 y 轴方向同时缩放，也可以仅设置元素沿着 x 轴或 y 轴方向缩放。

- scaleX(sx)：表示只设置 x 轴的缩放，transform:scale(2,0) 实际上等于 transform:scaleX(2)。
- scaleY(sy)：表示只设置 y 轴的缩放，transform:scale(0,2) 实际上等于 transform:scaleY(2)。

3. 2D 倾斜

skew()函数能够让元素倾斜显示。

> **语法**

skew(ax,ay)或者 skew(ax)

ax：指定元素水平方向（*x* 轴）的倾斜角度。

ay：指定元素垂直方向（*y* 轴）的倾斜角度。

ax 或 ay 是角度值，单位 deg。

为示例 1 中的导航菜单添加倾斜的功能，让导航菜单更丰富。具体代码如示例 3 所示。

> **示例 3**

```
……
<title>skew 的使用</title>
    <style>
        li{
            list-style: none;
            float: left;
            width: 80px;
            line-height: 40px;
            background: rgba(242, 123, 5, 0.61);
            border-radius: 6px;
            font-size: 16px;
            margin-left: 3px;
        }
        li a{
            text-decoration: none;
            color: #fff;
            display: block;
            text-align: center;
            height: 40px;

        }
        li a:hover{
            background: rgba(242, 88, 6, 0.87);
            border-radius: 6px;
            /*设置 a 元素在鼠标移入时向左下角倾斜*/
            transform: skew(40deg,-20deg);
            -webkit-transform: skew(40deg,-20deg);
            -moz-transform: skew(40deg,-20deg);
            -o-transform: skew(40deg,-20deg);
        }
    </style>
</head>
<body>
    <ul>
        <li><a href="#">服装城</a></li>
```

```
        <li><a href="#">美妆馆</a></li>
        <li><a href="#">超市</a></li>
        <li><a href="#">全球购</a></li>
        <li><a href="#">闪购</a></li>
        <li><a href="#">团购</a></li>
        <li><a href="#">拍卖</a></li>
        <li><a href="#">金融</a></li>
    </ul>
</body>
</html>
```

在浏览器中的显示效果如图 4.4 所示。

图4.4　skew动画效果

 注意

　　除了使用 skew()函数可以设置元素在 x 轴和 y 轴方向同时倾斜，也可以仅设置元素沿着 x 轴或 y 轴方向倾斜。

➤ skewX(ax)：表示只设置 x 轴的倾斜，transform:skew(20deg, 0)实际上等于 transform:skewX(20deg)。

➤ skewY(ay)：表示只设置 y 轴的倾斜，transform:skew(0, 20deg)实际上等于 transform:skewY(20deg)。

如果把示例 3 中的代码修改如下。

……

```
li a:hover{
    background: rgba(242, 88, 6, 0.87);
    border-radius: 6px;
    /*设置 a 元素在鼠标移入时沿水平方向倾斜*/
    transform: skewX(40deg);
    -webkit-transform: skewX(40deg);
    -moz-transform: skewX(40deg);
    -o-transform: skewX(40deg);
    }
```

……

此时在浏览器中的显示效果如图 4.5 所示。

从图 4.5 中可以发现，使用 skew 变形函数后不但元素发生倾斜，元素本身的形状也会发生变化。

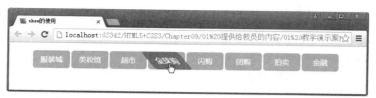

图4.5 skewX动画效果

4. 2D 旋转

rotate()函数能够让元素在二维空间里绕着一个指定的角度旋转，这个元素对象可以是行内元素，也可以是块元素。旋转的角度值如果是正值，元素相对原点顺时针旋转；如果是负值，元素相对原点逆时针旋转，如图 4.6 所示。

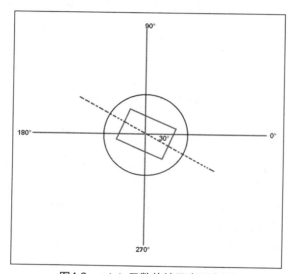

图4.6 rotate函数旋转元素示意图

语法

rotate(a);

rotate()函数只接受一个值 a，代表角度值。

- ➤ a 的取值为正值，元素相对原点顺时针旋转。
- ➤ a 的取值为负值，元素相对原点逆时针旋转。
- ➤ a 的单位使用 deg。

下面通过示例 4 来了解 rotate()函数的使用方法。

示例 4

```
……
<title>rotate 的使用</title>
    <style>
        div {
            width: 300px;
            margin: 40px auto;
```

```
                text-align: center;
            }
            img:hover {
                /*定义动画的状态，鼠标移入旋转并放大图片*/
                transform: rotate(-90deg) scale(2);
                -webkit-transform: rotate(-90deg) scale(2);
                -moz-transform: rotate(-90deg) scale(2);
                -o-transform: rotate(-90deg) scale(2);
            }
        </style>
    </head>
    <body>
        <div>
            <img src="image/tx.jpg" alt="img"/>
        </div>
    </body>
</html>
```

在浏览器中的显示效果如图 4.7 和图 4.8 所示，可以发现鼠标移入图片后图片逆时针旋转了 90°，并且是原来的 2 倍。

图4.7　没有添加旋转效果

图4.8　添加旋转效果后

 小结

　　rotate()函数是旋转，并不会改变元素的形状。skew()函数是倾斜，元素不会旋转，只是会改变元素的形状。

4.1.4　上机训练

　上机练习 1——制作照片墙

训练要点

➢　使用结构伪类选择器选择元素。

➢　使用 position 定位网页元素。

➢　使用 div、img 元素布局页面。

➢　使用 2D 变形（transform）属性操作图片。

需求说明

制作如图 4.9 和图 4.10 所示的照片墙,要求如下。

(1)使用结构伪类选择器选择每一张图片,分别把它们定位到对应的位置上。

(2)使用 transform 属性为每张图片设置初始的旋转角度,如图 4.9 所示。

(3)设置鼠标移入图片后,当前图片放大 1.5 倍、旋转角度变为 0 度,并且覆盖在其他图片上方,如图 4.10 所示。

图4.9　鼠标未移入的照片墙

图4.10　鼠标移入后的照片墙

实现思路及关键代码

(1)使用 div 元素整体布局页面,使用 img 元素排版图片,关键代码如下所示。

```
<div class="box" id="box">
        <img src="image/1.jpg" alt=""/>
        <img src="image/2.jpg" alt=""/>
        ……
</div>
```

（2）使用 position 将所有图片全部定位在坐标原点，关键代码如下所示。

```
.box{
    width: 960px;
    margin: 200px auto;
    position: relative;
}
.box img{
    border: 1px solid #ddd;
    padding: 10px;
    position: absolute;
    background: #fff;
    z-index: 1;
}
```

（3）使用结构伪类选择器分别选择每一张图片，并把它们定位到不同的位置，再设置不同的旋转度数，关键代码如下所示。

```
.box img:nth-child(1){
    top: 0px;
    left: 300px;
    transform: rotate(-15deg);
}
.box img:nth-child(2) {
    top:-50px;
    left: 600px;
    transform: rotate(-20deg);
}
```

（4）鼠标移入图片后，图片放大 1.5 倍且不旋转，关键代码如下所示。

```
#box img:hover{
    z-index: 2;
    box-shadow: 5px 5px 5px #ddd;
    transform: rotate(0deg) scale(1.5);
}
```

上机练习 2——制作旋转按钮

需求说明

制作如图 4.11 所示的旋转按钮，要求如下。

图4.11　旋转按钮效果

（1）使用 h1、无序列表、a、img 标签布局页面。

（2）使用浮动让列表项排在一行，然后清除浮动。

（3）鼠标移入每个超链接后，图片旋转 360°，放大 1.2 倍（由于 360° 和 0° 位置一样，图片上很难表现出来，等下一章学习完 CSS3 过渡属性后，可添加 transition 实现过渡效果，就能够看到 360° 和 0° 旋转的变化）。

任务2 CSS3 3D 变形的应用

4.2.1 3D 变形属性

作为一个网页设计师，可能熟悉在二维空间工作，但在三维空间工作并不熟悉。我们在学习数学的时候，知道除了水平的 x 轴和垂直的 y 轴以外，还有一个 z 轴。沿着 z 轴可以改变元素的空间位置，也就是所谓的三维。使用 2D 变形，能够改变元素在水平和垂直方向的位置。使用 3D 变形，能够改变元素在 Z 轴的位置，使元素看起来更加立体。

3D 变形和 2D 变形类似，也有转换属性，见表 4-2。

表 4-2　3D 转换的常用属性

属　　性	说　　明
transform	2D 或 3D 转换
transform-origin	允许改变转换元素的位置
transform-style	嵌套元素在 3D 空间如何显示
perspective	规定 3D 元素的透视效果

transform 属性在 2D 变形中已讲解，这里主要介绍其他几个属性。

1. transform-origin

transform-origin 属性用于改变要转换的元素的起始位置，可用于块元素和行内元素，参数可以是具体的 em、px 值，也可以是百分比，或者是 left、center、bottom 等，默认是以 x 轴和 y 轴的初始值为中心点，即"50%，50%"。transform-origin 属性的语法结构如下：

transform-origin: x-axis y-axis z-axis;

此属性有 3 个值，分别是元素开始转换时在 x 轴的位置、y 轴的位置和 z 轴的位置。如下所示：

transform-origin:bottom;　/*以元素底部中心为开始转换位置*/

图 4.12 演示了以默认的旋转中心和以底部为旋转中心的显示效果。

如图 4.12 所示，第一个是以扑克牌的中心为初始位置旋转，第二个是以底部为初始位置旋转。目前 IE9 及以下的浏览器不支持 transform-origin 属性，Firefox、Chrome 等浏览器支持，所以在使用时还需要加各自的前缀。

图4.12　transform-origin 效果

2．transform-style

transform-style 属性使被转换的子元素保留其 3D 转换，默认值是 flat，表示子元素将不保留其 3D 位置。如果想要子元素保留其 3D 位置，必须将该属性值设置为 preserve-3d。

 注意

> 如果想让某一个元素进行 3D 转换，必须在父元素上添加 transform-style 属性，而且属性值必须设置为 preserve-3d。

3．perspective

perspective 可以理解为视角，用于定义 3D 元素距视图的距离，单位为 px（像素）。假如设置值为 1000，表示观众在距离表演者 1000px 的位置处。perspective 值越大，表示观众距离表演者越远。如同坐在第一排的观众和坐在最后一排的观众，观看表演的视角是不一样的。perspective 默认值为 none，相当于 0，如图 4.13 所示。

未设置perspective　　　　　　　设置perspective为500px

图4.13　perspective效果

4.2.2　3D 变形方法

3D 变形效果的实现依靠的依旧是 transform 属性，是在 2D 变形的基础上实现位移、旋转、缩放等效果，与 2D 变形基本相同，只不过是在平面的基础上多了空间扩展的 z 轴。

1. 3D 位移

3D 位移使用的依旧是 2D 变形中的 translate()方法，只不过多了 z 轴，表示在 x 轴、y 轴和 z 轴上分别移动，3D 位移方法见表 4-3。

表 4-3　3D 位移方法

方　　法	说　　明
translate3d(x,y,z)	3D 转换
translateX(n)	2D 和 3D 转换，沿 x 轴移动元素
translateY(n)	2D 和 3D 转换，沿 y 轴移动元素
translateZ(n)	3D 转换，沿 z 轴移动元素

下面通过示例 5 介绍一下 3D 位移方法的使用。

示例 5

```
<!DOCTYPE html>
<html lang="en">
<head>
    <meta charset="UTF-8">
    <title>3D 旋转效果</title>
    <style>
        div {
            -webkit-transform-style: preserve-3d;
            -moz-transform-style: preserve-3d;
            -ms-transform-style: preserve-3d;
            transform-style: preserve-3d; /*创建 3D 场景*/
            -moz-perspective: 1000px;
            -webkit-perspective: 1000px;
            perspective: 1000px; /*设置视角距离 1000px*/
        }
        img {width: 200px;}
        img:nth-of-type(1) {opacity: 0.5;}
        div img:nth-child(2) {
            /*设置元素 x 轴、y 轴和 z 轴位移*/
            -webkit-transform: translate3d(100px,100px,300px);
            -moz-transform: translate3d(100px,100px,300px);
            -ms-transform: translate3d(100px,100px,300px);
            -o-transform: translate3d(100px,100px,300px);
            transform: translate3d(100px,100px,300px);
        }
    </style>
</head>
<body>
    <div>
```

```
            <img src="book.jpg" alt=""/>
            <img src="book.jpg" alt=""/>
        </div>
    </body>
</html>
```

示例 5 的运行效果如图 4.14 所示。

图4.14　3D位移效果

由于在 z 轴发生了移动，感觉要比原来大了不少，相当于把图书由远处拿到眼前，如同看远处和近处的树木时，总是感觉近处的要比远处的大，因此会有图 4.14 所示的效果。

2．3D 旋转

同 3D 位移一样，3D 旋转和 2D 旋转基本类似，只不过多了 rotatez(n)和 rotate3d(x,y,z,a) 两个方法。rotatez(n)指元素在 z 轴上的旋转，rotate3d(x,y,z,a)指元素在 x 轴、y 轴和 z 轴上的旋转。

rotate3d()中的取值说明如下。

➢ x：如果元素围绕 x 轴旋转，设置为 1，否则为 0。

➢ y：如果元素围绕 y 轴旋转，设置为 1，否则为 0。

➢ z：如果元素围绕 z 轴旋转，设置为 1，否则为 0。

➢ a：是一个角度值，用来指定元素在 3D 空间旋转的角度，如果为正值，元素顺时针旋转，反之元素逆时针旋转。旋转效果如图 4.15 所示。

其实 rotate3d 就是 rotateX、rotateY 和 rotateZ 的简便写法：rotateX(a)函数的功能等同于 rotate3d(1,0,0,a)，rotateY(a)函数的功能等同于 rotate3d(0,1,0,a)，rotateZ(a)函数的功能等同于 rotate3d(0,0,1,a)，其中 a 为旋转的角度。

假如在读者面前立着一本书，封面面向读者，rotateX 可以理解为图书向后或向前平着放倒；rotateY 可以理解为图书立着旋转，旋转到某一角度，读者可以看见书脊；rotateZ 相当于把图书横着放倒，图书封面由正对读者变为横着面向读者；而 rotate3d 表示这三种旋转同时进行。

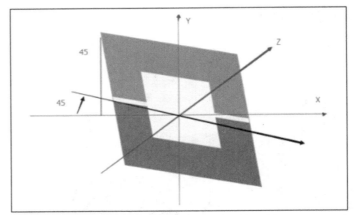

图4.15　rotate3d旋转示意图

接下来演示三个轴不同的旋转效果，如图 4.16 所示。

图4.16　rotateX、rotateY和rotateZ的单独旋转效果

再演示 rotate3d 的旋转效果，如图 4.17 所示。

图4.17　rotate3d的旋转效果

接下来修改示例 5 的代码。

```
div img:nth-child(2) {
    /*设置元素 x 轴、y 轴和 z 轴旋转角度*/
    -webkit-transform: rotate3d(1,0,1,45deg);
    -moz-transform: rotate3d(1,0,1,45deg);
    -ms-transform: rotate3d(1,0,1,45deg);
    -o-transform: rotate3d(1,0,1,45deg);
    transform: rotate3d(1,0,1,45deg);
}
```

运行效果如图 4.18 所示。

图4.18　3D旋转效果

3. 3D 缩放

3D 缩放和 2D 缩放相比，增加了 scaleZ(n)方法和 scale3d(x,y,z)方法。scaleZ(n)表示在 z 轴方向上缩放，当 n=1 时不缩放，当 n>1 时放大，当 0<n<1 时缩小。scale3d(x,y,z)表示在 x 轴、y 轴和 z 轴方向上缩放，scale3d(1,1,n)的效果等同于 scaleZ(n)。

接下来修改示例 5 的代码。

```
div img:nth-child(2){
    /*设置元素 x 轴、y 轴和 z 轴缩放*/
    -webkit-transform: scale3d(1.2,0.5,3);
    -moz-transform: scale3d(1.2,0.5,3);
    -ms-transform: scale3d(1.2,0.5,3);
    -o-transform: scale3d(1.2,0.5,3);
    transform: scale3d(1.2,0.5,3);
}
```

运行效果如图 4.19 所示。

图4.19　3D缩放效果

通过图 4.19 可以发现，当单独使用 scaleX()、scaleY()和 scaleZ()方法的时候，x 轴和 y 轴有缩放，而 z 轴却没有变化。在这里要注意一下，scaleZ()和 scale3d()函数单独使用时 z 轴的缩放没有任何效果，需要配合其他转换函数一起使用才会有效果。

4.2.3 上机训练

上机练习 3——鼠标悬停 3D 立体效果

需求说明

利用 CSS3 的 3D 转换实现如图 4.20 和图 4.21 所示效果。

（1）页面原始效果如图 4.20 所示。

（2）图片要有阴影。

（3）当鼠标移至图片上时，效果如图 4.21 所示。

图4.20 原始效果图

图4.21 鼠标悬停3D立体效果图

本章作业

一、选择题

1. 以下关于 translate 的说法正确的是（   ）。

    A．设定元素从当前位置移动至给定位置

    B．设定元素顺时针旋转指定的角度，负值表示逆时针旋转

    C．设定元素的尺寸会增加或减少

    D．设定元素翻转指定的角度

2. 在 2D 转换中，以下哪个选项可以改变元素的宽和高？（   ）

    A．translate   B．rotate   C．scale   D．skew

3. 以下哪个 3D 属性可以改变被转换元素的位置？（   ）

    A．transform-origin   B．transform-style

    C．transform   D．perspective

4. 利用 3D 转换属性，让某个元素在 3D 空间显示，以下语法正确的是（   ）。

    A．transform-style：flat   B．transform-style：preserve-3d

    C．transform-style：none   D．transform-style：0

5．关于 3D 旋转，以下语法正确的是（　　）。

    A．rotate3d(x,y,z,angle)　　　　　B．rotate3d(x,y,z)

    C．rotate3d(x)　　　　　　　　　D．rotate3d(x,y)

二、简答题

1．2D 变形的几种方式以及实现相应方式的方法。

2．请列出 3D 变形需要的主要属性。

3．利用 CSS3 的 3D 变形制作如图 4.22 所示的立方体效果，技能要求如下：

➢ 使用 CSS3 设置透明背景。

➢ CSS3 transform-style 属性的使用。

➢ 水平旋转和垂直旋转的用法。

➢ 同时使用 CSS3 3D 位移与旋转。

➢ 使用 perspective 设置 3D 视距。

图4.22　立方体效果图

 说明

    为了方便读者验证作业答案，提升专业技能，请扫描二维码获取本章作业答案。

第 5 章

使用 CSS3 制作动画

技能目标

❖ 掌握通过 transition 制作网页过渡动画效果
❖ 会使用 animation 制作网页动画

本章知识梳理

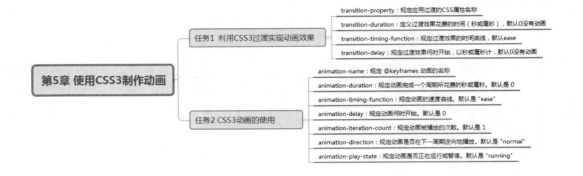

本章简介

　　无论是国内网站还是国外网站，动画都在网页上起着举足轻重的作用。动画在网页上随处可见，广泛用于广告、导航、步骤展示等。在静态页面中，如果把静态元素做成动画形式，无疑能起到生动的装饰作用，能充分调动浏览者的情绪。

　　在 CSS3 之前，网页上的动画主要有两种实现方式，一是使用 Flash，二是使用 JavaScript，这两种方式都需要网页设计人员单独学习 Flash 和 JavaScript 以及 jQuery 技术，且 Flash 和 JavaScript 制作的动画在页面加载时需要占用资源，而 CSS3 制作的动画能避免上述问题。

　　使用 CSS3 制作动画有两种方式：一种是过渡方式，另一种是动画方式。这两种方式都通过改变 CSS 中的属性来产生动画效果。如通过改变元素的大小、位移、背景色等从一种状态过渡到另一种状态。但是过渡方式只能操作一些简单的动画，如果要制作更加复杂的动画，需要使用 CSS3 的动画方式来实现。

预习作业

1. 简答题

（1）CSS3 过渡效果有哪几个属性？分别有什么作用？

（2）说出 CSS3 动画的制作步骤。

2. 编码题

使用 CSS3 过渡实现宽 200px，高 200px 的盒子由红色变为蓝色。

任务 1　利用 CSS3 过渡实现动画效果

多年来，Web 前端开发人员一直在寻找通过 HTML 和 CSS 实现动画交互效果的方法，而不再使用 Flash 或 JavaScript。现在他们的愿望成真了，CSS3 中的 transition 和 animation 两个方法都可以实现动画效果。本任务就来讲解用 transition 实现动画的方法。

5.1.1　过渡简介

上一章学过的 transform（变形）呈现的是一种变形效果，而 transition（过渡）呈现的是一种过渡效果，是一种动画转换的过程，如渐现、渐弱、动画快慢等。

上一章的旋转按钮练习，对图片设置了旋转 360°、放大 1.2 倍，可是通过实践后，发现可以看得出放大 1.2 倍的效果，却看不出旋转的效果。这时候读者是否会觉得是代码出错了，回去检查代码呢？其实代码没出错，只是因为 0°和 360°的位置相同，页面渲染出来就已经发生了旋转，所以很难看出旋转的过程。怎么解决这个问题呢？transition 过渡就是用来表现这个动画过程的。

5.1.2　浏览器兼容性

transition 属性和 CSS3 其他属性一样，也离不开浏览器对它的支持，在实际使用的时候要带上各浏览器的前缀。transition 属性具体的浏览器兼容性如表 5-1 所示。

表 5-1　transition 浏览器兼容性

属　　　性					
transition	10+	4.0+	4.0+	10.5+	3.1+

在 Firefox 4.0~15.0、Chrome 4.0~20.0、Safari 3.1~6.0 和 Opera 10.5~12.0 等浏览器中使用 transition 属性时需要添加不同的前缀。

IE 10+、Firefox 16.0+、Chrome 26+、Safari 7.0+和 Opera 12.1+等浏览器则支持 transition 属性的标准语法，不需要添加浏览器的前缀。

5.1.3　过渡属性的使用

transition 属性是个复合属性，可以像 border、margin、padding 等属性一样简写在一起，出于简洁性和便于维护考虑，transition 语法通常简化如下。

语法

transition: [transition-property　transition-duration　transition-timing-function transition-delay] *
transition 主要包括 4 个属性值。

➤ transition-property：规定应用过渡的 CSS 属性的名称。

➤ transition-duration：定义过渡效果花费的时间。默认是 0。

➢ transition-timing-function：规定过渡效果的时间曲线。默认是 ease。
➢ transition-delay：规定过渡效果何时开始。默认是 0。
需要注意的是，这 4 个属性之间不能使用逗号分隔，而是使用空格分隔。
上面的语法可以总结成如下速记法：
transition：过渡属性 | 过渡所需时间 | 过渡动画函数 | 过渡延迟时间
下面就一一介绍这 4 个属性如何使用。

1．过渡属性

transition-property 属性用来定义转换动画的 CSS 属性名称，常用的取值如下。
➢ property：指定的 CSS 属性（width、height、background-color 等）。
➢ all：指定所有元素支持 transition-property 属性的样式，一般为了方便都会使用 all。
下面通过示例 1 来了解 transition-property 属性的使用。

示例 1

```
……
<title>transition-property 的使用</title>
    <style>
        div{
            background-color: red;
            width: 200px;
            height: 200px;
            /*指定动画过渡的 CSS 属性*/
            transition:    background-color;
            -moz-transition:    background-color;
            -webkit-transition:    background-color;
            -o-transition:    background-color;
        }
        div:hover{
            background-color: yellow;
        }
    </style>
</head>
<body>
    <div></div>
</body>
</html>
```

在浏览器中的显示效果如图 5.1 所示。鼠标移入 div，背景颜色由红色变为黄色。
从上面的示例演示中只发现 div 颜色发生了变化，就算不加 transition-property 属性也可以实现该效果，那么所谓的动画呢？怎样才能实现有动画的效果呢？下面接着介绍几个很重要的属性。

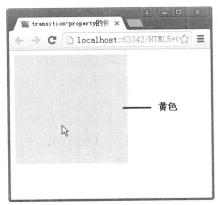

图5.1　简单的背景颜色切换动画

2．过渡所需时间

transition-duration 属性用来定义转换动画的时间，即从设置旧属性到换为新属性所花费的时间，单位为 s。

在示例 1 的基础上添加动画的过渡时间为 2s，代码如下。

```
div{
    ......
    /*指定动画过渡的 CSS 属性  过渡时间*/
    transition: background-color 2s;
    -moz-transition: background-color 2s;
    -webkit-transition: background-color 2s;
    -o-transition: background-color 2s;
}
```

在浏览器中的显示效果如图 5.2 所示。可以发现 div 的背景颜色从红色逐渐过渡到黄色。比起示例 1 的效果来说，颜色变化得更自然、更平滑。

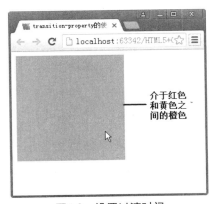

图5.2　设置过渡时间

一个简单的过渡动画只要包括 transition-property 属性和 transition-duration 属性就可以了，transition-timing-function 属性和 transition-delay 属性是可选属性，使用它们能给过渡动画锦上添花。

3. 过渡动画函数

transition-timing-function 属性用来指定浏览器的过渡速度，以及过渡期间的操作进展情况，通过给过渡添加一个函数来指定动画的快慢。

常见的几种过渡动画方式如下。

➢ ease：规定慢速开始，然后变快，最后慢速结束的过渡效果（默认值）。

➢ linear：规定以相同速度开始至结束的过渡效果。

➢ ease-in：规定以慢速开始的过渡效果。

➢ ease-out：规定以慢速结束的过渡效果。

➢ ease-in-out：规定以慢速开始和结束的过渡效果。

在示例 1 的基础上添加动画的过渡方式为 ease-in-out，代码如下：

```
div{
    ……
    /*指定动画过渡的 CSS 属性 过渡时间 过渡动画*/
    transition: background-color 2s ease-in-out ;
    -moz-transition: background-color 2s ease-in-out ;
    -webkit-transition: background-color 2s ease-in-out;
    -o-transition: background-color 2s ease-in-out;
}
```

此时动画更有立体感，div 的背景颜色由红色变为黄色，在变化的过程中会发现先快后慢。但是这个过程无法用截图呈现，所以这里不展示效果图，请读者自己实践。

4. 过渡延迟时间

transition-delay 属性用来指定一个动画开始执行的时间,也就是说当改变元素属性值后多长时间去执行过渡效果。这个时间值可以是正值、负值或 0。

正值：元素过渡效果不会立即触发，过了设置的时间值后才会被触发。

负值：元素过渡效果会从该时间点开始显示，之前的动作被截断。

0：默认值，元素过渡效果立即执行。

 小结

> transition-duration 和 transition-delay 在 transition 属性中都表示时间，不同的是 transition-duration 是指过渡完成所需的时间，而 transition-delay 是指过渡在什么时间之后触发。

在示例 1 的基础上添加动画的延迟时间为 3s，代码如下：

```
div{
    ……
    /*指定动画过渡的 CSS 属性 过渡时间 过渡动画 延迟时间*/
    transition: background-color 2s ease-in-out 3s;
    -moz-transition: background-color 2s ease-in-out 3s ;
```

```
    -webkit-transition: background-color 2s ease-in-out 3s;
    -o-transition: background-color 2s ease-in-out 3s;
}
```

此时动画会在 3s 后开始执行，并且这个动画效果会更丰富、更有立体感。示例 1 最终效果请读者扫描二维码查看。

5.1.4　完善旋转按钮案例

掌握了 CSS3 的过渡语法，下面总结一下使用 transition 实现过渡动画的具体步骤。

（1）在默认样式中声明元素的初始状态样式。

（2）声明过渡元素的最终状态样式，比如悬浮状态。

（3）在默认样式中通过添加过渡函数来添加一些不同的样式。

认识了 transition 函数的各个属性之后，再为上一章的旋转按钮的练习添加过渡效果，让它成为真正的多彩的旋转按钮。具体代码如示例 2 所示。

示例1最终效果

示例 2

```
……
<title>旋转按钮</title>
    <style type="text/css">
        ul li {
            float: left;
            margin: 10px;
            list-style: none;
        }
        #box img {
            -moz-transition: all 0.8s ease-in-out;
            -webkit-transition: all 0.8s ease-in-out;
            -o-transition: all 0.8s ease-in-out;
            transition: all 0.8s ease-in-out;
        }
        #box img:hover {
            -moz-transform: rotate(360deg) scale(1.5);
            -webkit-transform: rotate(360deg) scale(1.5);
            -o-transform: rotate(360deg) scale(1.5);
            -ms-transform: rotate(360deg) scale(1.5);
            transform: rotate(360deg) scale(1.5);
        }
    </style>
</head>
<body>
<h2>顺时针旋转 360 度放大 1.2 倍</h2>
<ul id="box">
    <li><a href="#"><img src="images/rss.png" /></a></li>
    <li><a href="#"><img src="images/delicious.png" /></a></li>
```

```
<li><a href="#"><img src="images/facebook.png" /></a></li>
<li><a href="#"><img src="images/twitter.png"/></a></li>
<li><a href="#"><img src="images/yahoo.png" /></a></li>
</ul>
</body>
</html>
```

在浏览器中的显示效果如图 5.3 所示。鼠标移入图片后会发现，按钮不但放大了 1.2 倍，从 0°旋转到 360°的整个过程也被呈现出来了，实现了真正的旋转动画。

图5.3　添加过渡效果的旋转按钮

通过学习 transform 变形属性和 transition 过渡属性并把二者结合起来使用，可以实现动画的效果，但 transition 实现的动画是有缺陷的，它只能指定属性的开始值与结束值，然后在这两个属性之间实现平滑过渡，不能实现更复杂的动画效果。在 CSS3 中，除了使用 transition 属性，还可以使用 animation 属性来实现动画效果，它允许通过关键帧来指定在页面上产生复杂的动画效果，下一节就针对 animation 属性做详细介绍。

5.1.5　上机训练

上机练习 1——制作多彩照片墙

需求说明

制作如图 5.4 所示的多彩照片墙，要求如下。

图5.4　多彩照片墙

（1）以上一章练习 1 为素材。

（2）给每张图片添加过渡效果，用伪类 hover 触发过渡。

（3）动画的总时长为 0.6s，没有延迟，动画过渡方式为 ease-in-out。

上机练习 2——制作 QQ 彩贝热销时装页面

需求说明

制作如图 5.5 所示的 QQ 彩贝热销页面，要求如下。

（1）使用 div、无序列表、超链接等标签搭建有语义的页面布局结构。

（2）鼠标移入图片时，图片向左边位移 12px。

（3）使用过渡设置动画时间持续 1s，动画方式为 ease-out。

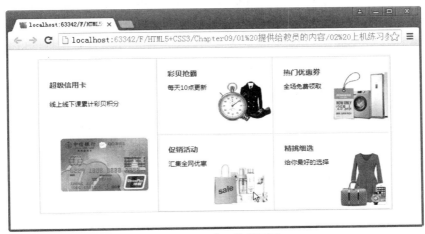

图5.5 QQ彩贝热销页面

任务 2 CSS3 动画的使用

5.2.1 CSS3 动画简介

前面一节已经详细介绍了使用 CSS3 的 transition 属性来实现过渡的动画效果。animation 属性和 transition 属性非常类似，都是通过改变元素的属性值来实现动画效果的，主要区别有以下两点。

➤ transition 属性通过指定元素的初始状态和结束状态，然后在两个状态之间进行平滑过渡的方式来实现动画。

➤ animation 实现的动画主要由两个部分组成：通过类似 Flash 动画的关键帧来声明一个动画；在 animation 属性中调用关键帧声明的动画，从而实现一个更为复杂的动画效果。

大概了解了 animation 动画实现的过程以及与 transition 动画实现的本质区别，接下来就来介绍如何使用 animation 制作动画以及它对浏览器的兼容性。

5.2.2　浏览器兼容性

animation 属性到目前为止得到很多浏览器的支持，不过和很多 CSS3 属性一样，也需要添加浏览器的私有前缀，具体兼容性见表 5-2。

表 5-2　animation 浏览器兼容性

属　　性					
animation	10+	5.0+	4.0+	12+	4.0+

在 Firefox 5.0~16、Chrome 4.0+、Safari 4.0+等浏览器中使用 animation 属性时需要添加不同浏览器的前缀。

IE 10+、Firefox 16.0+和 Opera 12.1+等浏览器支持 animation 属性的标准语法，不需要添加浏览器的前缀。

5.2.3　CSS3 动画使用过程

通过前面的介绍，对 animation 属性有了一些认识，下面就来介绍使用 animation 制作动画的步骤。

（1）通过关键帧（@keyframes）来声明一个动画。

（2）找到要设置动画的元素，调用关键帧声明的动画。

1．设置关键帧

在 CSS3 中，把@keyframes 称为关键帧，利用它就可以实现设置多段属性，而不只是两个。

@keyframes 具有自己的语法规则，具体如下。

```
@keyframes　IDENT　{
    from {/*CSS 样式写在这里*/}
    percentage {/*CSS 样式写在这里*/}
    to {/*CSS 样式写在这里*/}
}
```

也可以将关键词 from 和 to 换成百分比。

```
@keyframes　IDENT　{
    0% {/*CSS 样式写在这里*/}
    percentage {/*CSS 样式写在这里*/}
    100%　{/*CSS 样式写在这里*/}
}
```

其中，IDENT 是一个动画名称，可以是一个任意定义的动画名称，当然语义化一些会更好。percentage 就是一个百分比，用来定义某个时间段的动画效果。下面通过一个小例子来具体分析关键帧的使用。

```
@keyframes spread {
    0% {width:0;}
```

```
          33% {width:23px;}
          66% {width:46px;}
          100% {width:69px;}
   }
```

上面这段代码的意思是通过@keyframes 声明了一个名为"spread"的动画，它的动画从 0%开始到 100%结束，同时还经历了 33%和 66%两个过程。简单来说，这个名叫"spread"的动画一共有 4 个关键帧，具体实现以下动画效果：

➢ "spread"动画在 0%（第一帧）时元素宽度为 0px；

➢ 在 33%（第二帧）时元素宽度为 23px；

➢ 在 66%（第三帧）时元素宽度为 46px；

➢ 在 100%（第四帧）时元素宽度为 69px。

如果关键帧设置得更多，还可以让动画更精细。

@keyframes 是实现动画必不可少的一个属性，可是浏览器对@keyframes 的兼容性直接影响到动画能在哪个浏览器下运行。下面就来看看@keyframes 在各个主流浏览器下的支持情况，如表 5-3 所示。

表 5-3　@keyframes 浏览器兼容性

属　　性					
@keyframes	10+	5.0+	4.0+	4.0+	12.0+

在 Firefox 5.0~21、Chrome 4.0+、Safari 4.0+、Opera 12.0~15.0 等浏览器中使用@keyframes 属性时需要添加不同的浏览器前缀。

IE 10+、Firefox 21+等浏览器支持@keyframes 属性的标准语法，不需要添加前缀。

下面以一个示例来感受下关键帧的使用。有一个 div 元素，需要将其宽度由 0px 变为 20px、50px、70px，最终变为 100px；并且将其水平移动到 200px 的位置、300px 的位置，再回到 100px 的位置。具体代码如示例 3 所示。

示例 3

```
……
<title>animation 的使用</title>
    <style>
        div{
            width: 100px;
            height: 100px;
            background: red;
        }
        @keyframes spread {
            0%{
                width: 0;
                transform: translate(100px,0);
            }
            25%{
```

```
                width: 20px;
                transform: translate(200px,0);
            }
        50%{
                width: 50px;
                transform:translate(300px,0);
            }
        75%{
                width: 70px;
                transform:translate(200px,0);
            }
        100%{
                width: 100px;
                transform:translate(100px,0);
            }
        }
        @-webkit-keyframes spread {
        /*中间的关键帧设置同上*/
        }
        ……
    </style>
</head>
<body>
    <div></div>
</body>
</html>
```

 注意

在上面的示例中省略了关键帧的其他浏览器兼容方式，写法都是一样的。

切记浏览器前缀是放在@和 keyframes 中间的，比如，@-webkit-keyframes、@-moz-keyframes 等。

在浏览器中的效果如图 5.6 所示。

从图 5.6 中可以看到一个宽度、高度都是 100px 的 div，我们已经在 style 里设置了@keyframes 关键帧，却没有发现动画的效果。动画怎么没有执行？回忆一下前面提到过动画执行的两个步骤，目前已经声明了动画，下面就来介绍如何去调用声明好的关键帧。

图5.6 设置了关键帧的效果

2. 调用关键帧

如示例 3 所示，@keyframes 只是用来声明一个动画，如果不通过别的 CSS 属性来调用这个动画，将没有任何效果。那么在 CSS3 中如何调用@keyframes 声明的动画呢？

在 CSS3 中使用 animation 属性来调用@keyframes 声明的动画。animation 属性类似于transition 属性，都是随着时间的改变来改变元素的属性值。它们的主要区别如下：

> transition 属性实现动画需要触发一个事件（hover 事件、active 事件等）；
> animation 属性在不触发任何事件的情况下也能随着时间的变化来改变元素的 CSS 属性值，从而达到一种动画的效果。

这样就可以直接在一个元素中调用 animation 的动画属性，也就是说可以通过 animation 属性来调用@keyframes 声明的动画。下面模仿 transition 属性的用法，来看看如何使用 animation 属性让示例 3 中的 div 调用动画。关键代码如下：

```
div{
    width: 100px;
    height: 100px;
    background: red;
    animation: spread 2s linear;
    -webkit-animation: spread 2s linear;
    -moz-animation: spread 2s linear;
    -o-animation: spread 2s linear;
}
```

比起示例 3 来说，上面的代码就是添加了 animation 属性而已。效果如图 5.7 和图 5.8 所示。

图5.7　animation动画过程1

图5.8　animation动画过程2

从图 5.7 和图 5.8 中可以看出 div 宽度变大、位置右移的过程。说明 animation 属性调用@keyframes 声明的动画成功了。接下来了解一下 CSS3 中 animation 的语法和其他几个常用属性。

animation: animation-name　animation-duration　animation-timing-function　animation-delay animation-iteration-count　animation-direction　animation-play-state　animation-fill-mode;

上面的语法可以参考如下速记公式：

animation：动画名字｜动画播放时间｜动画播放方式｜开始播放动画的时间｜动画的播放次数｜动画的播放方向｜动画的播放状态｜动画时间外操作

> animation-name：是由@keyframes 创建的动画名称。

> animation-duration、animation-timing-function、animation-delay：和过渡的时间、过渡方式、延迟时间类似。可以对比着前面的内容来学习，这里就不再一一解释了。

> animation-iteration-count：动画的播放次数。通常为整数，默认值为 1，表示动画执行一次。还有个特殊值 infinite，表示动画无限次播放。

> animation-direction：动画的播放方向。主要有两个值：normal 表示动画每次都是循环向前播放，alternate 表示动画播放为偶数次则向前播放，为奇数次则向后播放。例如一个弹跳动画就可以用这个值来设置。

> animation-play-state：动画的播放状态。有两个值：running 和 paused。主要用在类似音乐播放器的场合，可以通过 paused 将正在播放的动画停下来，也可以通过 running 将暂停的动画重新播放。

> animation-fill-mode：定义动画开始之前和动画结束之后发生的操作。取值为 forwards 表示动画在结束后继续应用至最后关键帧的位置，取值为 backwards 表示向元素应用动画样式时会迅速应用至动画的初始帧，取值为 both 表示元素动画同时具有 forwards 和 backwards 的效果。

在示例 3 的基础上再对代码进行修改，如下所示：

```
div{
    width: 100px;
    height: 100px;
    background: red;
    /*调用动画*/
    animation: spread 2s linear infinite;
    -webkit-animation: spread 2s linear infinite;
    -moz-animation: spread 2s linear infinite;
    o-animation: spread 2s linear infinite;
}
```

此时，动画就会循环播放，图片还不能很好地表达循环的过程，需要读者自己动手实践一下。

5.2.4　上机训练

（上机练习 3——制作 QQ 彩贝导航）

训练要点

> 使用结构伪类选择器选择元素。

> 使用 position 定位网页元素。

> 使用 header、nav 等元素布局页面。

> 使用@keyframes 创建关键帧。

> 使用 animation 引用设置的动画。

需求说明

制作如图 5.9 至图 5.11 所示的 QQ 彩贝导航，要求如下。

（1）使用 header、nav、div、ul 等标签布局如图 5.9 所示的页面。

（2）使用 position 属性把图片"赚"和"花"设置到相应的位置上。

（3）使用 animation 属性给中间的"赚"和"花"图片设置动画，效果为鼠标移入"赚"图片时变为"赚积分"，并且是从左到右缓慢展开，具体显示如图 5.10 所示。

（4）使用 transition 属性给右边的"论"图片设置动画，效果为鼠标移入旋转 360°，具体显示如图 5.11 所示。

图5.9　默认的QQ彩贝导航

图5.10　鼠标移入导航动画1

图5.11　鼠标移入导航动画2

实现思路及关键代码

（1）"赚积分"版块的结构代码如下所示。

```
……
<nav class="topCenter">
    <ul class="clear">
        <li>
            <a href="#">
                <span class="icon1"></span>
                返回商城
            </a>
        </li>
    </ul>
</nav>
……
```

（2）给"赚积分"版块设置动画的关键帧，关键代码如下所示。

```
@keyframes spread {
    0% {width:0;}
    33% {width:23px;}
    66% {width:46px;}
    100% {width:69px;}
}
```

（3）鼠标移入后图片由"赚"变为"赚积分"，并且使用关键帧设置动画，关键代码如下所示。

```
.topCenter li a:hover .icon1 {
    animation:spread 0.3s linear both;
    -webkit-animation:spread 0.3s linear both;
    -moz-animation:spread 0.3s linear both;
    -o-animation:spread 0.3s linear both;
    background: url("images/header_05.png") 0 0 no-repeat;
}
```

（4）设置右边的"论"图片，并且在鼠标移入时旋转 360°，关键代码如下所示。

```
.topRight a:nth-of-type(1){
    background: url("images/iconsB_11.gif") 0 0 no-repeat;
}
        ……
.topRight a:nth-of-type(1):hover{
    transform: rotate(360deg);
}
```

（5）给"论"图片加上过渡动画效果，关键代码如下所示。

```
.topRight a{
        ……
    transition:all 0.3s linear;
    -webkit-transition:all 0.3s linear;
    -moz-transition:all 0.3s linear;
    -o-transition:all 0.3s linear;
}
```

本章作业

一、选择题

1．以下关于 CSS3 过渡的说法正确的是（　　）。
　　A．CSS3 过渡是元素从一种样式逐渐改变为另一种样式的效果
　　B．CSS3 过渡是元素从一种样式直接改变为另一种样式的效果
　　C．CSS3 过渡用来改变整个页面的样式
　　D．CSS3 过渡和 CSS3 动画是一样的

2．以下哪个不是 CSS3 过渡属性 transition-property 的属性值？（　　　）
　　A．none：没有属性会获得过渡效果
　　B．all：所有属性都将获得过渡效果

    C．property：定义应用过渡效果的 CSS 属性名称列表，列表以逗号分隔

    D．0：没有属性会获得过渡效果

3．以下哪个不是 CSS3 过渡属性？（　　　）

    A．transition-name   B．transition-duration

    C．transition-timing-function   D．transition-delay

4．以下选项中，哪个代表动画完成一个周期所花费的秒或毫秒？（　　　）

    A．animation-duration   B．animation-timing-function

    C．animation-delay   D．animation-name

5．以下选项中，哪个表示动画被播放的次数？（　　　）

    A．animation-timing-function   B．animation-delay

    C．animation-iteration-count   D．animation-direction

二、简答题

1．使用 CSS3 transition 实现动画效果和使用 animation 实现动画效果有什么区别？分别如何使用？

2．CSS3 animation 动画一共有几个属性值？分别有什么作用？

3．制作如图 5.12 和图 5.13 所示的 QQ 彩贝高级搜索页面，要求如下。

使用过渡动画实现鼠标移入搜索框（如图 5.12 所示）后，里面的详细内容版块的透明度由 0 变为 1，高度由 0 变为 100%的效果（如图 5.13 所示）。

图5.12　鼠标移入前的QQ彩贝高级搜索页面

图5.13　鼠标移入后的QQ彩贝高级搜索页面

4．制作如图 5.14 和图 5.15 所示的百度糯米购物信息导航，要求如下。

➤ 使用固定定位把右边的信息导航固定在右侧，如图 5.14 所示。

➤ 把 "购物车" 等文字定位到购物车图片的左边。

➤ 通过设置关键帧，让 "购物车" 文字的透明度由 0 变为 1，定位的 left 值由 0 变为 –90px。

➤ 用 animation 属性调用关键帧，实现鼠标移入购物车图片上后，"购物车" 文字渐渐从图片右边移动到左边，可以参考图 5.15。

图5.14　鼠标移入前百度糯米购物信息导航

图5.15　鼠标移入后百度糯米购物信息导航

说明

　　为了方便读者验证作业答案，提升专业技能，请扫描二维码获取本章作业答案。

第 6 章

HTML5 媒体元素

本章任务

任务 1: 视频元素及音频元素在网页中的使用

任务 2: 自定义视频播放器

技能目标

❖ 掌握视频及音频的基础知识

❖ 熟练使用媒体元素及其属性打造个性视频播放器

本章知识梳理

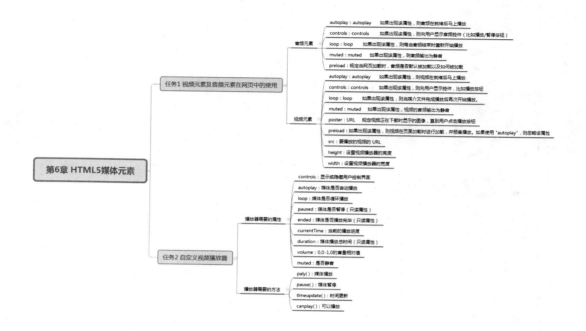

本章简介

　　Web 上的多媒体应用经历了重大的改变，从最初的 GIF 动画，发展到现在随处可见的 MP3 音频、Flash 动画和各种在线视频。随着网络带宽的增加，更多的用户是从网站上直接观看视频，而不是下载观看。但是，目前 Web 页面上没有标准的方式来播放视频或音频文件，大多数的视频或音频文件都是使用插件来播放，而不同浏览器使用了不同的插件，导致观看视频或听音频经常需要用户下载插件。

　　而 HTML5 的到来，给我们提供了一个标准的方式来播放 Web 中的视频或音频文件，用户不用再为浏览器升级、下载诸如 Adobe Flash、Apple QuickTime 等播放器插件，只需使用浏览器就可以顺利播放视频或音频文件。

预习作业

简答题

（1）在 HTML5 中，视频元素有哪些属性？分别代表什么作用？
（2）在 HTML5 中，音频元素有哪些属性？分别代表什么作用？

任务 1　视频元素及音频元素在网页中的使用

6.1.1　如何在网页中播放视频及音频

视频因本身所特有的形象具体、多样化、动感、互动性强等特征，所以很容易被大众接受。越来越多的社会热点将会从网络视频中诞生，这是一个不可避免的趋势；视频网站有了越来越广阔的用武之地，在社会发展中扮演着越来越重要的角色。

视频同文字、图片一样，已经是每个网站基础的内容元素和重要的组成部分，越来越多的企业会直接产生对视频的需求，例如视频直播、视频点播、视频教学、视频会议等。但网站的视频播放需要大量的服务器和足够的带宽支持。随着现代网络技术的发展，个人用户的带宽越来越大，基本上能满足用户的视频播放需求。

音频在网站上也有很大的作用，如百度音乐、腾讯音乐等主打音乐的网站，用户无需把音乐下载到本地，直接在网页上就能收听；还有一些网站使用音频验证码。

那该如何在网页里播放视频或音频呢？

通常有两种方法可以引入视频或音频，一种是原始的 HTML 模式，另一种就是 HTML5 模式。首先看一下 HTML 模式是如何引入视频的。

```
<object classid="clsid:D27CDB6E-AE6D-11cf-96B8-444553540000" width="624" height="351" style="margin-top: -10px;margin-left: -8px;" id="FLVPlayer1">
        <param name="movie" value="FLVPlayer_Progressive.swf" />
        <param name="quality" value="high" />
        <param name="wmode" value="opaque" />
        <param name="scale" value="noscale" />
        <param name="salign" value="lt" />
        <param name="FlashVars" value="&amp;MM_ComponentVersion=1&amp;skinName=public/swf/
            Clear_Skin_3
&amp;streamName=public/video/test&amp;autoPlay=false&amp;autoRewind=false" />
        <param name="swfversion" value="8,0,0,0" />
        <param name="expressinstall" value="expressInstall.swf" />
</object>
<!--其他代码省略-->
```

如此多的代码，实现的效果就是在网页中播放一段视频。在 HTML 中加入音频的代码也一样复杂，这里不要求掌握，就不再列出。

HTML 中的视频或音频播放都是先通过特定标签及其属性引入视频或音频的路径，播放时再调用引入的视频、音频文件，而且需要用于播放的浏览器中含有播放插件，如图 6.1 所示。

通过分析上面的代码可以发现，在原始的 HTML 中添加视频是一个非常复杂的过程，而且需要用户下载浏览器插件，如果插件有更新，用户还需要时时更新插件，否则视频将不能播放。

图6.1   浏览器缺少插件提示

而 HTML5 中的实现大大减少了代码量，只需要使用 video 标签播放视频，使用 audio 标签播放音频，用户无需下载、安装浏览器插件，在支持 HTML5 的浏览器中即可观看。本任务就来介绍 HTML5 中的两个媒体元素——视频元素和音频元素。

6.1.2   视频元素

Web 上的视频播放从来都没有一个固定的标准，大多数视频都是通过像 Flash 这样的插件来播放的，不同的浏览器往往拥有不同的插件。HTML5 中的 video 元素是现在播放视频的一种标准方法。

1. 视频元素的基本语法

HTML5 中的 video 元素是用来播放视频文件的，支持 Ogg、MPEG4、WebM 等视频格式，其用法如下所示：

```
<video src="视频路径"></video>
```

其中，src 属性用于指定要播放的视频文件的路径。

考虑到某些浏览器可能不支持 video 元素，可以在 video 元素中间插入一段文字用于提示，这样不支持的浏览器就可以显示这段文字给用户。具体操作如下所示：

```
<video src="视频路径">你的浏览器不支持 video 标签</video>
```

2. 视频元素的应用

下面通过一个完整的实例来演示如何在页面内播放视频。具体代码如示例 1 所示。

示例 1

```
<!doctype html>
<html lang="en">
<head>
    <meta charset="UTF-8">
    <title>视频播放</title>
</head>
<body>
    <!--播放视频的标签-->
```

　　　　<video src="../video/video.ogg">你的浏览器不支持 video 标签</video>
</body>
</html>
运行效果如图 6.2 所示。

图6.2　没有按钮的视频播放器

　　观察示例 1 的效果发现，虽然视频被引入到页面中，但是并没有播放、暂停之类的按钮。一般的视频播放器都会提供播放、暂停、最大化、最小化等按钮，没有这些功能性按钮，视频将不能暂停、缩放，这时就需要用到视频元素的主要属性，具体见表 6-1。

表 6-1　视频元素属性

属　　性	说　　明
src	要播放的视频的 URL
controls	向用户显示控件，比如播放按钮
autoplay	视频在就绪马上播放
loop	当媒体文件完成播放后再次开始播放
preload	视频在页面加载时就开始加载，并预备播放，如果使用 autoplay，则忽略该属性
poster	规定视频正在加载时显示的图像，直到用户单击播放按钮
width	设置视频播放器的宽度
height	设置视频播放器的高度

　　在示例 1 的基础上添加播放器的功能性按钮（控制条）controls，代码如下所示。
　　　　<video src="../video/video.ogg" controls></video>
运行效果如图 6.3 所示。

图6.3　带控制条的视频播放器

从图 6.3 中可以看到，浏览器默认的播放器正在播放视频，默认的播放器具有播放、暂停、声音调节以及屏幕缩放等功能性按钮，基本能够实现常用的视频播放功能。但是需要注意，示例 1 使用的是 Chrome 浏览器，而不同浏览器的播放器的默认样式是不同的。

下面分别在 IE 浏览器中和 Firefox 浏览器中运行，效果分别如图 6.4 和图 6.5 所示。

图6.4　IE浏览器上显示效果

图6.5　Firefox浏览器上显示效果

通过图 6.4 和图 6.5 可以发现，同样的代码在 Firefox 和 Chrome 浏览器中支持，而在 IE 浏览器中却不支持。主要原因就是视频文件的格式不同，因此不能播放。IE 浏览器对于 OGG 格式的视频是不支持的，所以导致出现无效源的错误页面效果。

在基础语法中介绍了视频元素可以支持 Ogg、MPEG4、WebM 等视频格式，表 6-2 列出了主流浏览器对视频格式的支持情况。

表 6-2　浏览器对视频格式的支持

视频格式	IE	Firefox	Opera	Chrome	Safari
Ogg	NO	3.5+	10.5+	5.0+	NO
MPEG4	9.0+	NO	NO	5.0+	3.0+
WebM	NO	4.0+	10.6+	6.0+	NO

为了兼容所有的浏览器，在使用时可以添加 source 元素。在示例 2 中使用 source 元素来链接不同的视频，浏览器会自动选择第一个可以识别的格式，不会再加载其他的文件，因此不会影响浏览器的性能。具体代码如示例 2 所示。

示例 2

```
<!doctype html>
<html lang="en">
<head>
    <meta charset="UTF-8">
    <title>多浏览器支持视频</title>
</head>
<body>
    <!--视频播放标签-->
    <video controls>
        <!--视频文件-->
        <source src="../video/vedio.mp4" />
        <source src="../video/video.ogg" />
    </video>
</body>
</html>
```

运行示例 2，可以发现在常见的几个浏览器（比如 IE、Firefox、Opera、Chrome、Safari）中都能够正常播放。

除了示例 1 与示例 2 中用到的 controls 属性以外，还有两个比较重要的属性：autoplay 属性和 loop 属性。autoplay 属性表示音频或视频能在页面加载时自动播放，不需要用户控制播放。loop 属性表示音频或视频可以循环播放。代码如下所示。

```
<video controls autoplay loop>
    <source src="video.ogg" />
    <source src="video.mp4" />
</video>
```

当加载页面时，视频便会自动并且循环播放。

接下来介绍视频元素的其他属性。比如 poster 属性用于设置视频播放前的封面图片。用法如下：

```
<video controls="controls" poster ="cover/cover.jpg"></video>
```

当视频未播放时，显示在页面上的是 cover.jpg 图片。当单击按钮时，cover.jpg 图片隐藏，视频正常播放，如示例 3 所示。

示例 3

```
<!DOCTYPE html>
<html lang="en">
<head>
    <meta charset="UTF-8">
    <title>视频封面</title>
</head>
<body>
    <!--视频播放标签-->
    <video controls="controls" poster ="cover/cover.jpg">
```

```
            <!--视频文件-->
            <source src="../video/vedio.mp4" />
            <source src="../video/video.ogg" />
        </video>
    </body>
</html>
```

示例 3 的运行效果如图 6.6 和图 6.7 所示。图 6.6 显示的是视频封面，图 6.7 显示的是视频播放过程中的页面。

图6.6　视频封面

图6.7　视频播放过程

在实际的开发过程中，一种很好的处理方法是对视频进行预先加载，这样可以提高页面的加载速度。HTML5 提供了 preload 属性，规定是否在页面加载后再载入视频。如果设置了 autoplay 属性，则该属性无效。preload 属性有三个值可供选择。

none：用户不需要对视频进行预先加载，这样可以减少网络流量。比如一个视频播放网站，每一个页面都有好多视频，只有当用户确认打开这些视频观看时，才通过网络进行加载，否则，页面上的很多视频同时加载，会占用大量的网络资源，而且加载速度也会非常慢。

metadata：告诉服务端，用户不想马上加载视频，但需要预先获得视频的元数据信息（比如文件的大小、时长等）。通常视频网站上的视频文件在加载时都会有时长显示，而不必等到用户单击视频播放时才显示，这可以通过设置 metadata 属性值来实现。

auto：表示视频要实时播放，需要服务器向用户计算机连续、实时传送。通常在播放前要预先下载一段资料作为缓冲，用户不必等到整个文件全部下载完毕，而只需经过几秒或十几秒的启动延时即可观看。当视频在用户计算机上播放时，文件的剩余部分将在后台从服务器继续下载。如果网络连接速度小于播放的多媒体信息需要的速度，播放程序就会取用先前建立的一小段缓冲区内的资料，避免播放的中断，使播放品质得以保证。

要注意的是，在使用 video 标签时，默认将 preload 的加载属性设置为 auto，因此如果要另外设置加载的属性值，必须在设置 src 之前进行。

6.1.3　音频元素

Web 上的音频播放从来都没有一个固定的标准，在访问相关网站时会遇到各种插件，如 Windows Media Player、RealPlayer 等。HTML5 的问世，使音频播放领域实现了统一的标准，让用户告别了插件的烦琐。

1. 音频元素的基本语法

HTML5 中的 audio 元素是用来播放音频文件的，支持 Ogg、MP3、WAV 等音频格式，其语法如下所示：

```
<audio src="音频路径" controls="controls"></audio>
```

其中，src 属性用于指定要播放的音频文件的路径，controls 属性用于提供播放、暂停和音量控件，也可以包含宽度和高度。

考虑到某些浏览器可能不支持 audio 元素，可以在 audio 元素中间插入一段文字用于提示，这样不支持的浏览器就可以显示这段文字给用户。具体操作如下所示：

```
<audio src="音频路径"controls="controls">你的浏览器不支持 audio 标签</audio>
```

2. 音频元素的应用

下面通过一个完整的示例来演示如何在页面内播放音频。具体代码如示例 4 所示。

示例 4

```
<!DOCTYPE html>
<html lang="en">
<head>
    <meta charset="UTF-8">
    <title>视频封面</title>
</head>
<body>
    <audio controls>
        <source src="music/music.mp3" />
        <source src="music/music.ogg"/>
    </audio>
</body>
</html>
```

示例 4 所示的代码在浏览器中的运行效果如图 6.8 所示，可以看到一个比较简单的音频播放器，包含了播放/暂停、播放进度、时间显示、声音大小等常用控件。

图6.8　播放音频

可以发现视频元素和音频元素的语法及使用都一样，source 元素用来链接到不同的音频文件，浏览器会自动选择第一个可以识别的格式。表 6-3 是主流浏览器对音频格式的支持情况。

表 6-3　主流浏览器支持的音频格式

音频格式	IE	Firefox	Opera	Chrome	Safari
Ogg Vorbis	NO	3.5+	10.5+	3.0+	NO
MP3	9.0+	NO	NO	3.0+	3.0+
WAV	NO	4.0+	10.6+	NO	3.0+

音频元素的属性与视频元素也基本一致，如表 6-4 所示。

表 6-4　音频元素属性

属　　　性	说　　　明
src	规定音频文件的 URL
controls	向用户显示音频控件（比如播放、暂停按钮）
loop	当音频结束时重新开始播放
autoplay	音频在就绪后马上播放
muted	音频输出为静音
preload	当网页加载时，音频是否默认被加载以及如何被加载

这些属性读者可自行在示例 4 的基础上添加代码做细微修改并查看最终效果，这里不做过多赘述。

6.1.4　上机训练

上机练习 1——制作微信小程序宣传片

需求说明

使用 video 元素制作如图 6.9 所示的微信小程序宣传片的视频播放网页，要求如下。

（1）视频宽为 400px，高为 250px。

（2）视频打开后显示控件。

（3）视频打开后自动播放。

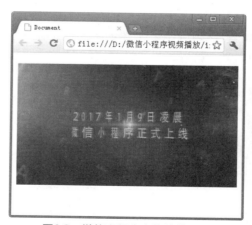

图6.9　微信小程序宣传片效果图

任务 2 自定义视频播放器

6.2.1 自定义视频播放器需要的属性和方法

使用 controls 属性能够在网页上播放视频，但是同样的语法在不同的浏览器里的显示效果却不一样。系统定义的播放器样式比较单一，个性化不明显，不能体现网站的特点，因此在网站中经常需要制作自定义播放器。如果要自定义视频播放器，需要先了解视频播放器的一些属性和方法，表 6-5 展示了自定义视频需要的几个主要属性。

表 6-5　视频播放器需要的属性

属　性	说　明
controls	显示或隐藏用户控制界面
autoplay	媒体是否自动播放
loop	媒体是否循环播放
paused	媒体是否暂停（只读属性）
ended	媒体是否播放完毕（只读属性）
currentTime	当前的播放进度
duration	媒体播放总时间（只读属性）
volume	0.0 到 1.0 的音量相对值
muted	是否静音

视频播放器还有几个主要的方法，如表 6-6 所示。

表 6-6　视频播放器用到的方法

方　法	说　明
play()	媒体播放
Pause()	媒体暂停
Timeupdate()	时间更新
Canplay()	可以播放

6.2.2 自定义视频播放器制作步骤

下面以示例 5 为例演示一下自定义视频播放器的制作。分段讲解此案例前先演示一下示例 5 的最终效果，如图 6.10 所示。

接下来先讲解如何实现静态播放器。

示例 5

```
<!doctype html>
<html lang="en">
<head>
```

图6.10　自定义播放器的最终效果

```
<meta charset="UTF-8">
<title>自定义视频播放器</title>
<link href="css/style.css" rel="stylesheet"/>
</head>
<body>
    <div class="container">
        <!--自定义视频播放器，此处不需要用 controls-->
        <video src="file/video.mp4" id="video"></video>
        <!--自定义视频播放器导航栏效果-->
        <div class="video-bar">
            <!--播放、暂停效果-->
            <a href="javascript:void(0);" class="play hide left" id="play"></a>
            <a href="javascript:void(0);" class="pause left" id="pause"></a>
            <!--播放器进度条效果-->
            <div class="progress-bar left" id="progress-bar">
                <div class="jd-bar" id="jd-bar">
                <span></span>
            </div>
        </div>
        <!--时间显示效果，当前时间和总时间-->
        <div class="time-bar left">
            <span class="current-time" id="current-time">00:00</span>/
            <span class="all-time" id="all-time">01:23</span>
        </div>
        <!--音量调整效果-->
        <div class="volum-bar left" id="volum-bar">
        <div class="yl-bar" id="yl-bar">
            <span class="volum-val"></span>
```

```
        </div>
    </div>
    <!--全屏按钮效果-->
    <div class="full left" id="full"></div>
    </div>
    </div>
</body>
</html>
```

运行效果如图 6.11 所示。

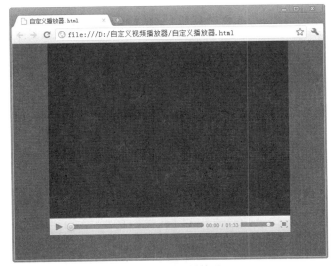

图6.11　静态播放器

然后就是通过单击播放按钮实现视频播放。由于要操作页面上的 div 等元素，因此需要用到 JavaScript 代码。

```
<script>
    //先实现播放功能，获取需要的基本元素
    var video = document.getElementById("video"); //获取视频
    var play = document.getElementById("play"); //获取播放按钮
    var pause = document.getElementById("pause"); //获取暂停按钮
    //给 video 元素添加事件：canplay(可以播放)
    video.addEventListener("canplay",function(){
        //单击播放按钮
        play.onclick = function(){
        if(video.pause){ //如果视频暂停
        pause.style.display = "block"; //暂停按钮显示
        this.style.display = "none"; //播放按钮隐藏
        }
        video.pause(); //视频播放
    };
    //单击暂停按钮
```

```
        pause.onclick = function(){
            if(video.play){ //如果视频播放
                this.style.display = "none"; //暂停按钮隐藏
                play.style.display = "block"; //播放按钮显示
            }
            video.play(); //视频暂停
            };
        },false)
</script>
```

上面的代码实现了视频的播放和暂停功能，先给 video 元素添加 canplay 事件，再在事件中编写播放和暂停代码。当单击播放按钮时执行 video 的播放事件，同时显示暂停按钮，隐藏播放按钮；当单击暂停按钮时执行相反操作，视频暂停，显示播放按钮，隐藏暂停按钮。运行代码能够实现暂停和播放功能，但没有时间进度和播放进度显示。效果如图 6.12 所示。

图6.12　播放、暂停效果

播放、暂停效果实现之后再获取当前时间、总时间以及单击进度条实现前进后退功能。获取时间之后默认显示的是总的秒数，但实际的播放器显示的是分钟和秒，如 01:15 的格式。下面获取视频当前播放的时间。

```
//获取时间信息（请将该代码段放在事件的外部）
var currentTime = document.getElementById("current-time");
var duration = document.getElementById("all-time"); //获取视频总时间
var seekbar = document.getElementById("progress-bar"); //获取视频进度条对象
var playbar = document.getElementById("jd-bar"); //获取视频进度
//构建一个函数 toMs()，实现时间格式的转换，转换成 m:s
function toMs(time){
    //获取视频的分钟数
    var m = Math.floor(time/60);
```

```
//设置时间格式
m = m>9?m:"0"+m;
var s = Math.floor(time%60);
s = s>9?s:"0"+s;
return m+":"+s;
}
```

在 video 的 canplay 事件中添加如下代码：

```
//获取总时间，利用 toMs()函数将其转换成"分：秒"格式
duration.innerHTML = toMs(video.duration);
```

toMs()自定义方法用于转换时间格式，其中 Math.floor 是 JavaScript 中的一个数学函数，用于对数据向下取整，比如 a 等于 3.9，Math.floor(a)的结果是 3。video.duration 用于获取视频的总时间，单位是 s，将秒数作为参数传递到 toMs()方法中。在该方法中，使用了一个三元表达式：

```
m = m>9?m:"0"+m;
```

该三元表达式相当于一个 if-else 语句，表示如果 m 值大于或等于 10，直接显示 m 值；如果 m 值小于 10，显示为以 0 开头后面加数字的格式，如 01、02 等。获取秒数也采用同样的方法。

 注意

取秒数的时候用的是对 60 取余（%）的方法。

```
//更新进度条及时间
video.addEventListener("timeupdate",function(){
    //获取当前时间
    currentTime.innerHTML = toMs(video.currentTime);
    //改变进度条
    playbar.style.width = (video.currentTime/video.duration)*100+"%";
}, false);
```

 注意

获取当前时间 currentTime 属性需要写在 timeupdate 事件中，每次时间更新，都重新获取当前时间；否则，即使视频正在播放，当前时间也不会发生变化。

当前时间发生变化后，还要做的一件事就是改变进度条，可通过改变 div 的长度值来模拟进度条的进度改变。视频播放完成时，设置进度条的长度为 100%，视频播放开始时，设置进度条的长度为 0，当前播放时间除以视频总时间，就是进度条宽度的百分比。由于随着播放时间的变化，进度条也变化，因此，改变进度条长度的代码应该写在 timeupdate 事件里面。运行效果如图 6.13 所示。

通常在观看视频的时候，很多人对片头或不感兴趣的内容选择跳过。单击进度条的某个位置，视频就直接跳到单击的位置开始播放。同时，进度条的长度应该是鼠标单击的位置，当前时间应该是鼠标单击的时间。

图6.13　进度条效果

关键在于如何获取鼠标单击的位置。JavaScript 中可以使用 offsetX 来获取鼠标单击的位置。通过鼠标单击的位置能获取单击部分的长度，使用 offsetWidth 能获取进度条的总长度，单击部分的长度除以进度条的总长度就可以换算出播放时间和总时间的比例，进而计算出播放时间。

```
//进度条单击
seekbar.onclick = function(e){
    var x = e.offsetX; //获取鼠标的位置，就是单击部分的长度
    var w = this.offsetWidth; //获取进度条的总长度
    playbar.style.width = (x/w)*100+"%"; //设置进度条的进度
    video.currentTime = video.duration*(x/w); //修改视频的播放时间
    currentTime
};
```

音量控制和进度控制类似，可通过获取鼠标的位置和控制音量 div 的长度来实现。

```
var volum = document.getElementById("volum-bar"); //获取视频音量单击对象
var handle = document.getElementById("yl-bar"); //获取视频音量值
//音量控制
volum.onclick = function(e){
    var e = e || window.event;
    var x = e.offsetX;
    var w = this.offsetWidth;
    video.volume = x/w; //调整声音大小
    handle.style.width = (x/w)*100+"%"; //设置声音滑块的位置
}
```

最后还有一个全屏功能，使用如下代码实现：

```
var full = document.getElementById("full"); //获取全屏对象
video.webkitRequestFullscreen(); //在谷歌浏览器中使用全屏
video.mozRequestFullScreen(); //在 Firefox 浏览器中使用全屏
video.msRequestFullscreen(); //在 IE 浏览器中使用全屏
```

当单击全屏按钮时实现全屏功能，读者可自行将代码补全。

6.2.3 上机训练

上机练习 2——完善微信小程序宣传片

需求说明

使用自定义视频相关知识完成如图 6.14 所示的微信小程序宣传片，要求如下。

（1）使用视频播放元素<video>。

（2）设置视频播放/暂停按钮。

（3）添加视频进度条，可以快速拖动视频。

（4）显示视频当前播放的时间和总时间。

（5）设置视频音量控制对象。

（6）设置全屏显示按钮。

图6.14   微信小程序最终效果图

本章作业

一、选择题

1. 以下哪个标签代表的是音频？（   ）

   A．canvas   B．video   C．audio   D．mark

2. 以下选项中哪个代表向用户显示音频控件？（   ）

   A．controls   B．autoplay   C．loop   D．muted

3. 以下选项中哪个代表音频在就绪后马上播放？（   ）

   A．controls   B．autoplay   C．loop   D．muted

4. 以下选项中哪个代表视频结束后重新开始播放？（   ）

   A．controls   B．autoplay   C．loop   D．muted

5. 以下哪个属性代表媒体是否暂停？（   ）

   A．autoplay   B．loop   C．paused   D．ended

二、简答题

1. 制作自定义播放器用到了哪些属性及方法，分别有什么作用？
2. 简述使用 HTML5 方式实现视频和音频播放器的原因。
3. 制作如图 6.15 所示的音乐导航，要求如下。

使用多媒体以及鼠标事件等知识，制作音乐导航，当鼠标滑过每个 li 导航时，发出不同的声音。

图6.15　音乐导航效果图

　　为了方便读者验证作业答案，提升专业技能，请扫描二维码获取本章作业答案。

第 7 章

Canvas 基础

技能目标

❖ 了解 Canvas 的使用场景
❖ 理解什么是 Canvas
❖ 掌握基本的 Canvas API

本章知识梳理

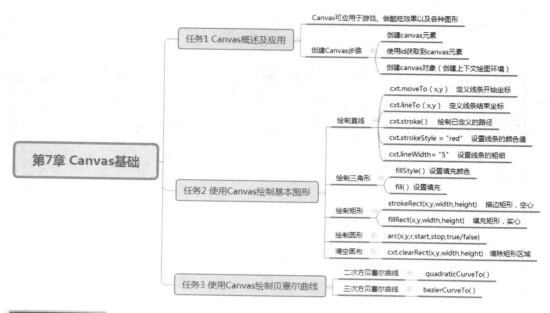

本章简介

　　Canvas 是 HTML5 新增的专门用来绘制图形的元素。在页面放置一个 Canvas 元素，相当于在页面放置了一块画布，可以在其中进行图形的绘制。在 Canvas 元素里绘画，不需要使用鼠标，直接写方法即可。

　　事实上，Canvas 元素只是一块无色透明的区域，需要利用 JavaScript 编写在其中进行绘画的脚本。本章将详细介绍 Canvas 元素的基本用法。

预习作业

1. 简答题

（1）简述 Canvas 在网页中的应用以及什么是 Canvas。

（2）使用 Canvas 绘制一条直线需要哪几步？

2. 编码题

使用 Canvas 相关知识，完成如下要求：

（1）在页面中绘制一个宽为 500px，高为 300px 的画布。

（2）在画布中绘制出一条直线、一个矩形、一个圆（样式和大小可以自定义）。

Canvas 概述及应用

7.1.1　Canvas 概述

　　HTML5 的 Canvas 元素以及随其而来的编程接口 Canvas API 应用前景非常广泛，可以应用于炫酷效果、游戏以及各种图形的制作，如图 7.1 至图 7.3 所示的效果图。

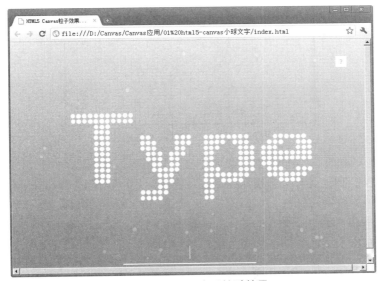

图7.1　Canvas实现炫酷效果

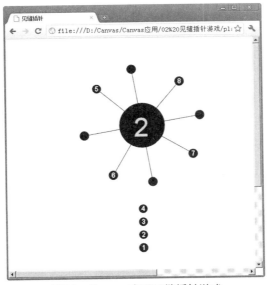

图7.2　Canvas实现见缝插针游戏

图7.3　Canvas实现灰太狼图案

　　简单地说，Canvas 元素能够在网页中创建一块矩形区域，这块矩形区域称为画布，在这个区域内可以控制任何一个像素，绘制各种图形，程序员通过 JavaScript 在画布中绘制图形，能够实现无限的可能性。

　　Canvas 拥有多种绘制三角形、矩形、圆形等的方法。接下来就来介绍如何绘制出一块画布，只有画布出来了，才能在画布上绘制各种图形。

7.1.2　创建 Canvas 的步骤

　　绘制画布需要使用 Canvas 标签，如同 p 标签代表段落，h1-h6 标签代表标题，它们都可以直接写在页面中，而这里要创建的画布，也是直接在页面中添加成对的 Canvas 标签即可，具体代码如示例 1 所示。

示例 1

```
<!DOCTYPE html>
<html lang="en">
<head>
    <meta charset="UTF-8">
    <title>canvas  元素</title>
</head>
<body>
    <canvas id="mycanvas"></canvas>
</body>
</html>
```

　　默认情况下，Canvas 创建的矩形区域宽 300px，高 150px，通过 width 属性和 height 属性也可以自定义宽度和高度，如<canvas id="mycanvas" height="200px" width="400px">

</canvas>，此时 Canvas 的宽是自定义的 400px，高是自定义的 200px。

示例 1 的代码只是简单地创建了一个 id 为"mycanvas"的 Canvas 对象，在浏览器中打开没有任何显示，但是用浏览器的调试状态可以看到，如图 7.4 所示。

图7.4　浏览器调试状态中看到的Canvas效果

如果想要看到画布的默认宽高，可以使用 CSS 的样式给 Canvas 添加边框属性来设置边框的外观，如示例 2 的代码所示，可以为 Canvas 添加一个实心的边框。

示例 2

```
<!DOCTYPE html>
<html lang="en">
<head>
    <meta charset="UTF-8">
    <title>设置 canvas 元素边框</title>
</head>
<body>
    <canvas id="mycanvas" style="border:1px solid black" height="200px" width="400px"></canvas>
</body>
</html>
```

运行效果如图 7.5 所示。

图7.5　设置canvas边框

其实到这一步，Canvas 的画布就准备好了。读者可以想象现在需要画一张素描，首先要准备一张纸，而刚刚创建的 Canvas 标签就是画布，相当于是纸。那接下来想要绘制出各种图案，不言而喻就需要一支笔在纸上画图案，而 JavaScript 就是那支笔，所以接下来的任务就是使用 JavaScript 来完成。首先使用 JavaScript 调用 Canvas 的 API 接口，代码如下所示。

```
<script>
    var canvas = document.querySelector("#mycanvas");
    var cxt = canvas.getContext("2d");
</script>
```

其中，第一行代码表示通过 id 获取到 Canvas 元素。关键是第二行代码，这里使用了 getContext 方法，该方法相当于打开 Canvas 绘图宝藏的钥匙。getContext("2d")方法创建了绘图的上下文环境，后续的所有绘图操作都是依据 getContext("2d")创建的对象进行的。方法中的"2d"指的是平面的绘图，用到的坐标轴只有 x 轴和 y 轴，对应的还有一个参数"3d"，用于绘制 3D 立体图形，绘制时除了 x 轴和 y 轴之外还用到 z 轴，但是 3D 绘图使用较少，本章只讲解 2D 绘图。

任务2 使用 Canvas 绘制基本图形

任何事物都是从最简单最基础的部分开始，最终形成复杂或庞大的结构。HTML5 的 Canvas 既能实现最简单、最直接的绘图，也能通过编写脚本实现复杂的应用。本任务首先介绍如何使用 Canvas 和 JavaScript 实现最简单的图形绘制，包括直线、矩形、圆形等。

要绘制图形首先就是为图形指定具体位置，也就是 x 轴和 y 轴的坐标值。在 Canvas 中，坐标原点(0,0)在 Canvas 区域的左上角，x 轴水平向右延伸，y 轴垂直向下延伸，如图 7.6 所示。

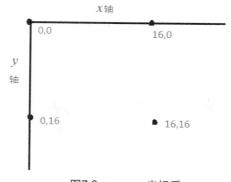

图7.6　canvas坐标系

7.2.1　绘制直线

可以使用 Canvas 对象的 getContext()方法来设置绘图环境（cxt），代码如下。

```
<script>
    var canvas = document.querySelector("#mycanvas"); //获取 mycanvas 元素
    var cxt = canvas.getContext("2d"); //设置用于画布上绘图的环境
</script>
```

　　比如要在平面上绘制一条直线，首先要设置直线的起点和终点坐标，分别使用 cxt 对象的 moveTo 方法和 lineTo 方法设置起点和终点的坐标，然后使用 stroke 方法将直线画在 Canvas 区域中。其中，moveTo 方法和 lineTo 方法各有两个参数，分别表示 x 轴的坐标值和 y 轴的坐标值。绘制直线的代码参见示例 3。

示例 3

```
<!DOCTYPE html>
<html lang="en">
<head>
    <meta charset="UTF-8">
    <title>绘制直线</title>
</head>
<body>
    <canvas id="mycanvas" style="border:1px solid black" height="200px" width="400px"></canvas>
<script>
    var canvas = document.querySelector("#mycanvas");
    var cxt = canvas.getContext("2d");
    cxt.moveTo(0,0);
    cxt.lineTo(400,200);
    cxt.stroke();
</script>
</body>
</html>
```

　　由于直线的终点是(400,200)，也就是说 x 轴的坐标值是 400，y 轴的坐标值是 200，和 Canvas 区域的宽高相同，这应该是一条对角线，如图 7.7 所示。

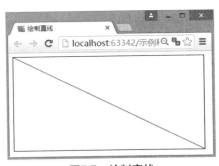

图7.7　绘制直线

　　图 7.7 所绘的直线是默认的 1px 宽的黑色直线，还可以通过 strokeStyle 属性设置直线的颜色，通过 lineWidth 属性设置直线的粗细，如示例 4 所示。

示例 4

```
<!doctype html>
<html lang="en">
<head>
    <meta charset="UTF-8">
```

```
        <title>绘制带颜色和加粗的直线</title>
    </head>
    <body>
        <canvas id="mycanvas" style="border:1px solid black" height="200px" width="400px"></canvas>
    <script>
        var canvas = document.querySelector("#mycanvas");
        var cxt = canvas.getContext("2d");
        cxt.moveTo(0,0);
        cxt.lineTo(400,200);
        //设置直线的颜色
        cxt.strokeStyle="red";
        //设置直线的粗细
        cxt.lineWidth=5;
        cxt.stroke();
    </script>
    </body>
    </html>
```

运行效果如图 7.8 所示。

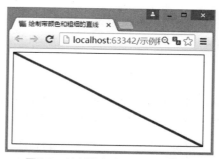

图7.8　绘制带颜色和粗细的直线

示例 4 演示了使用 JavaScript 修改直线粗细为 5px，颜色为红色。

➤ strokeStyle 属性的值和 CSS 完全相同，可以使用颜色名称，也可以使用十六进制颜色值，或者 RGB 值、RGBA 值。

➤ lineWidth 属性用于设置直线的粗细，值越大，线越粗。

7.2.2　绘制三角形

使用 Canvas 绘制三角形也比较简单，在上一小节中已经演示了使用 Canvas 画直线，三角形其实就是封闭的三条直线。在 Canvas 中设置三个坐标点，将这三个坐标点使用直线连接起来便形成了一个三角形，代码如示例 5 所示。

示例 5

```
<!DOCTYPE html>
<html lang="en">
<head>
    <meta charset="UTF-8">
```

```
    <title>绘制三角形</title>
</head>
<body>
    <canvas id="mycanvas" style="border:1px solid black" height="400px" width="400px"></canvas>
<script>
    var canvas = document.querySelector("#mycanvas");
    var cxt = canvas.getContext("2d");
    cxt.moveTo(200,20);
    //连接(200,20)和(20,100)
    cxt.lineTo(20, 100);
    //连接(20,100)和(300,120)
    cxt.lineTo(300, 120);
    //连接(300,120)和(200,20)
    cxt.lineTo(200, 20);
    cxt.stroke();
</script>
</body>
</html>
```

示例 5 中设置的坐标点为(200,20)、(20,100)、(300,120)，使用直线将这三个坐标点连接起来就形成一个封闭的三角形。效果如图 7.9 所示。

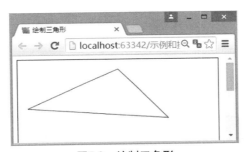

图7.9　绘制三角形

在连接最后一条直线的时候，使用了 stroke()方法从第三个坐标点(300,120)连接到第一个坐标点(200,20)来组成三角形。其实还有另一个方法——closePath()。该方法用于创建从当前点到开始点（moveTo(x,y)）的直线。closePath()方法在很多情况下都会用到。

在示例 5 中直接将 cxt.lineTo(200,20);更改为 closePath();即可，运行效果完全相同。

在示例 4 中演示了使用 cxt.strokeStyle 和 cxt.lineWidth 属性设置线条的颜色和粗细，同样可以使用这两个属性设置三角形的边的颜色和宽度，但是这样做只能设置边的样式，该如何对三角形内部进行填充呢？

Canvas API 的 fillStyle 属性和 fill()方法可用于对封闭元素如三角形进行填充，如示例 6 所示。

示例 6

```
<!DOCTYPE html>
<html lang="en">
```

```
<head>
    <meta charset="UTF-8">
    <title>填充三角形</title>
</head>
<body>
    <canvas id="mycanvas" style="border:1px solid black" height="400px" width="400px"></canvas>
<script>
    var canvas = document.querySelector("#mycanvas");
    var cxt = canvas.getContext("2d");
    cxt.moveTo(200,20);
    //连接(200,20)和(20,100)
    cxt.lineTo(20, 100);
    //连接(20,100)和(300,120)
    cxt.lineTo(300, 120);
    //连接(300,120)和(200,20)
    // cxt.lineTo(200, 20);
    cxt.closePath();
    cxt.lineWidth=5; //设置线宽为 5px
    cxt.fillStyle="rgb(160,240,160)"; //设置填充颜色
    cxt.fill(); //填充
    cxt.strokeStyle="red"; //设置线的颜色
    cxt.stroke();
</script>
</body>
</html>
```

运行效果如图 7.10 所示。

图7.10　填充效果

　　注意要先设置内部填充，然后再设置边线的颜色和宽度，否则内部填充会覆盖边线的样式。

　　上面的几个示例都是在页面上绘制一个三角形，同样也可以在页面上绘制多个三角形。示例 7 演示了在同一个 Canvas 中添加两个三角形的方法。

示例 7

```
<!DOCTYPE html>
<html lang="en">
<head>
```

```
    <meta charset="UTF-8">
    <title>两个三角形</title>
</head>
<body>
    <canvas id="mycanvas" style="border:1px solid black" height="400px" width="400px"></canvas>
<script>
    var canvas = document.querySelector("#mycanvas");
    var cxt = canvas.getContext("2d");
    //第一个三角形
    cxt.moveTo(50,20);
    cxt.lineTo(20,100);
    cxt.lineTo(200, 100);
    cxt.closePath();
    cxt.lineWidth=5;
    cxt.fillStyle="rgb(160,240,160)";
    cxt.fill();
    cxt.strokeStyle="red";
    cxt.stroke();
    //第二个三角形
    cxt.moveTo(150,20);
    cxt.lineTo(230,100);
    cxt.lineTo(350,100);
    cxt.closePath();
    cxt.lineWidth=5;
    cxt.fillStyle="rgb(200,200,200)";
    cxt.fill();
    cxt.strokeStyle="yellow";
    cxt.stroke();
</script>
</body>
</html>
```

运行效果如图 7.11 所示。

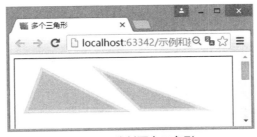

图7.11　绘制两个三角形

　　按照示例 7 的代码，第一个三角形的填充颜色和边框颜色与第二个三角形不同。但是仔细观察图 7.11，看到两个三角形的填充颜色相同，边框颜色也相同，并没有达到预期的效果。原因很简单。当设置第二个三角形的边框样式和填充样式的时候，会将第一个三角

形的效果覆盖。因此，要使两个三角形互不影响，需要将两个三角形分离开。修改示例 7
的代码，如示例 8 所示，加粗的部分为新添加的代码。

示例 8

```
//其余代码与示例 7 相同，在此不再列出
var canvas = document.querySelector("#mycanvas");
var cxt = canvas.getContext("2d");
//第一个三角形
cxt.beginPath();
cxt.moveTo(50,20);
.....
cxt.stroke();
//第二个三角形
cxt.beginPath();
cxt.moveTo(150,20);
......
cxt.stroke();
```

示例 8 是在示例 7 的基础上增加了 cxt.beginPath();，表示开始一条路径或重置当前的
路径，可将两次绘制的三角形分离，这样在修改样式时将互不影响，如图 7.12 所示。

图7.12　分离后的两个三角形

7.2.3　绘制矩形

若要在(50, 50)坐标处绘制一个宽 200px、高 100px 的矩形，红色边框，内部填充颜色，
效果如图 7.13 所示，该如何实现呢？

图7.13　绘制矩形

其实绘制矩形很简单，并不需要像绘制三角形那样，设置多个坐标点。绘制矩形有专门的方法，语法如下：

cxt.rect(x,y,width,height);

其中，x 和 y 分别是矩形左上角的 x 轴和 y 轴坐标，width 是矩形的宽度，height 是矩形的高度，如示例 9 所示。

示例 9

```
<!DOCTYPE html>
<html lang="en">
<head>
    <meta charset="UTF-8">
    <title>绘制矩形</title>
</head>
<body>
    <canvas id="mycanvas" style="border:1px solid black" height="200px" width="400px"></canvas>
<script>
    var canvas = document.querySelector("#mycanvas");
    var cxt = canvas.getContext("2d");
    cxt.beginPath();
    cxt.rect(50,50,200,100);//绘制矩形
    cxt.lineWidth=1;
    cxt.fillStyle="rgb(160,240,160)";
    cxt.fill();
    cxt.strokeStyle="red";
    cxt.stroke();
</script>
</body>
</html>
```

绘制矩形还有两个比较简便的方法，即 fillRect 方法和 strokeRect 方法，前者用于绘制以颜色填充区域的矩形，后者用于绘制矩形的轮廓。修改代码如下：

```
var canvas = document.queryselector("#mycanvas");
var cxt = canvas.getContext("2d");
cxt.beginPath();
cxt.lineWidth=1;
cxt.fillStyle="rgb(160,240,160)";
cxt.fillRect(50,50,200,100);
cxt.strokeStyle="red";
cxt.strokeRect(50,50,200,100);
```

运行效果和示例 10 相同，只不过一个是填充矩形，一个是描边矩形，具体效果如图 7.14 和图 7.15 所示。

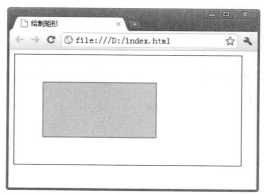

图7.14　绘制填充矩形

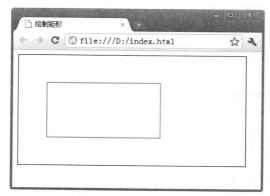

图7.15　绘制描边矩形

7.2.4　绘制圆形

在生活中，除了三角形和矩形之外，圆形也是比较常用的形状。绘制一个圆形，需要两个要素：圆心和半径。在 Canvas 中，绘制圆形使用 arc 方法。

🐾 语法

cxt.arc(x,y,r,sAngle,eAngle,counterclockwise);
arc 方法的属性说明见表 7-1。

表 7-1　arc 方法的属性

属　　性	说　　明
x	圆的中心的 x 坐标
y	圆的中心的 y 坐标
r	圆的半径
sAngle	起始角，以弧度计
eAngle	结束角，以弧度计
counterclockwise	可选。规定是逆时针还是顺时针绘图。false 为顺时针，true 为逆时针

关于 arc 方法的属性说明如图 7.16 所示。

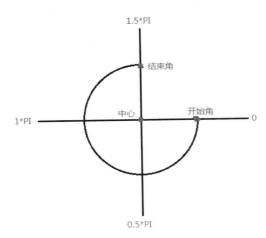

图7.16　arc方法画圆示意图

如图 7.16 所示，圆的起始角度为 0，结束角度为 1.5*PI，PI 为 180°，因此结束角度为 270°。示例 10 演示了如何绘制一个圆形。

示例 10

```
<!DOCTYPE html>
<html lang="en">
<head>
    <meta charset="UTF-8">
    <title>绘制圆形</title>
</head>
<body>
    <canvas id="mycanvas" style="border:1px solid black" height="200px" width="300px"></canvas>
<script>
    var canvas = document.querySelector("#mycanvas");
    var cxt = canvas.getContext("2d");
    cxt.beginPath();
    cxt.arc(140, 100, 80, 0, 2 * Math.PI, false); //绘制圆形
    cxt.fillStyle="rgb(160,240,160)"; //圆形填充颜色
    cxt.fill();
    cxt.strokeStyle="red"; //圆形边框颜色
    cxt.stroke();
</script>
</body>
</html>
```

示例 10 演示了以坐标(140,100)为圆心，半径为 80px，顺时针方向画一个圆，圆的边是红色，内部填充淡绿色，如图 7.17 所示。

如果绘制一个圆形，使用逆时针方向和顺时针方向没有区别，但如果画圆弧就有明显的区别，示例 11 演示了顺时针画圆弧的效果。

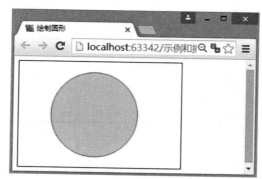

图7.17   绘制圆形

示例 11

```
<!DOCTYPE html>
<html lang="en">
<head>
     <meta charset="UTF-8">
     <title>绘制圆弧</title>
</head>
<body>
     <canvas id="mycanvas" style="border:1px solid black" height="200px" width="300px"></canvas>
<script>
     var canvas = document.querySelector("#mycanvas");
     var cxt = canvas.getContext("2d");
     cxt.beginPath();
     cxt.arc(140, 100, 80, 0, 0.5 * Math.PI, false); //顺时针画圆弧
     cxt.fillStyle="rgb(160,240,160)"; //圆弧填充色
     cxt.fill();
     cxt.strokeStyle="red"; //圆弧边框颜色
     cxt.stroke();
</script>
</body>
</html>
```

运行效果如图 7.18 所示。

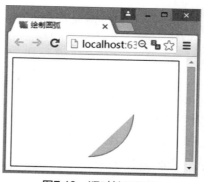

图7.18   顺时针画圆弧

将示例 11 中的顺时针方向改为逆时针方向（将 arc 方法中的 false 改为 true）。运行效果如图 7.19 所示。

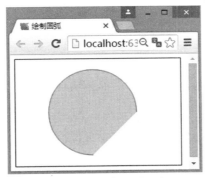

图7.19　逆时针画圆弧

7.2.5　清空画布

在 Canvas 中绘制了一些图形，使用之后可能需要清除这些图形，就像一些绘图程序中用橡皮工具来擦除图形一样。使用 clearRect 方法可清除指定区域内所有的图形。该方法的语法如下：

context.clearRect(x,y,width,height);

x 表示要清除的矩形左上角的 x 坐标；y 表示要清除的矩形左上角的 y 坐标；width 表示要清除的矩形的宽度，以像素计；height 表示要清除的矩形的高度，以像素计。接下来通过示例 12 演示清空画布的使用。

示例 12

```
<!DOCTYPE html>
<html lang="en">
<head>
    <meta charset="UTF-8">
    <title>清空画布指定区域</title>
    <script>
        function clearCav(){
            //清空画布指定区域的图形
            cxt.clearRect(100,100,200,200);
        }
    </script>
</head>
<body>
    <canvas id="mycanvas" style="border:1px solid black" height="200px" width="300px"></canvas>
    <script>
    var canvas = document.querySelector("#mycanvas");
    var cxt = canvas.getContext("2d");
    cxt.beginPath();
```

```
//绘制圆弧
cxt.arc(140, 100, 80, 0, 0.5 * Math.PI, true);
cxt.fillStyle="green";
cxt.fill();
cxt.strokeStyle="red";
cxt.stroke();
</script>
<input type="button" value="清空画布" onclick="clearCav()"/>
</body>
</html>
```

当单击"清空画布"按钮时，指定区域内所绘图形被全部清空，最终效果如图 7.20 所示。

图7.20　清除画布效果

7.2.6　上机训练

上机练习 1——绘制画板

需求说明

使用 Canvas 以及 event 对象等，绘制如图 7.21 所示的画板，要求如下。

（1）画板的宽为 800px，高为 500px，边框为粉色。

（2）只可以在画板内绘制文字或图形。

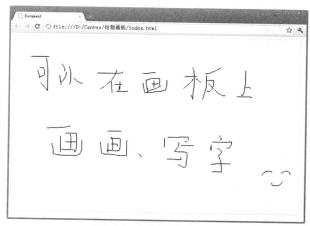

图7.21　画板最终效果图

任务 3 使用 Canvas 绘制贝塞尔曲线

相对于绘制直线、矩形、圆形等简单图形而言，绘制曲线的难度比较大，但是掌握其原理，就能够创建出许多复杂的图形。贝塞尔曲线在计算机图形学中的作用相当重要，其应用也非常广泛，如在一些数学软件、三维动画中经常会见到贝塞尔曲线，其主要用于数值分析领域或产品设计和动画制作领域。本任务介绍了如何在 Canvas 中绘制贝塞尔曲线，包括二次方曲线和三次方曲线。关于贝塞尔曲线的数学模型和计算过程，本书不做讲解。

贝塞尔曲线，又称贝兹曲线或贝济埃曲线，是应用于二维图形应用程序的数学曲线。一般的矢量图形软件通过它来精确地画出曲线，贝塞尔曲线由线段与节点组成，线段像可伸缩的皮筋，节点是可拖动的支点，在绘图工具上常见的钢笔工具就是用来绘制这种矢量曲线的。

7.3.1 绘制二次方贝塞尔曲线

贝塞尔曲线是在二维平面上由一个"起点"、一个"终点"，以及一个或多个"控制点"定义的曲线。二次方贝塞尔曲线只使用一个控制点，也称二阶贝塞尔曲线。对于二次方贝塞尔曲线的数学公式，本书不需要掌握，只需要了解贝塞尔曲线的绘制过程即可，如图 7.22 所示。

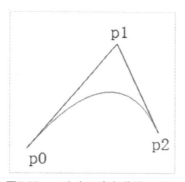

图7.22 二次方贝塞尔曲线示意图

图 7.22 中，p0 为二次方贝塞尔曲线的起点，p1 为控制点，p2 为终点。可使用 quadraticCurveTo(cpx,cpy,x,y)方法绘制二次方贝塞尔曲线，cpx 和 cpy 是控制点的 x 坐标和 y 坐标，也就是图 7.22 中 p1 的坐标；x 和 y 是终点的 x 坐标和 y 坐标，也就是图 7.22 中 p2 的坐标。示例 13 演示了如何绘制二次方贝塞尔曲线。示例中不仅绘制了一条二次方贝塞尔曲线，为了让读者看得更加明确，还绘制了该曲线的控制点和控制线。

示例 13

```
<!DOCTYPE html>
<html lang="en">
<head>
```

Chapter 7

```
        <meta charset="UTF-8">
        <title>绘制贝塞尔曲线</title>
    </head>
    <body>
        <canvas id="mycanvas" style="border:1px solid black" height="200px" width="300px"></canvas>
    <script>
        var canvas = document.querySelector("#mycanvas");
        var cxt = canvas.getContext("2d");
        //开始绘制贝塞尔曲线
        cxt.beginPath();
        cxt.moveTo(0,200); //设置贝塞尔曲线的起点
        //绘制贝塞尔曲线，控制点是(50,0)，终点是(300,200)
        cxt.quadraticCurveTo(50,0,300,200);
        cxt.strokeStyle="#000000";
        cxt.stroke();
        //下面绘制的直线用于表示上面曲线的控制点和控制线，控制点坐标就是两条直线
        //的交点(50,0)
        cxt.beginPath();
        cxt.strokeStyle="#cccccc";
        cxt.moveTo(0,200); //直线的起点
        cxt.lineTo(50,0); //两条直线的交点，也就是控制点
        cxt.lineTo(300,200);
        cxt.stroke();
    </script>
    </body>
    </html>
```

运行效果如图 7.23 所示。

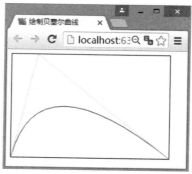

图7.23　二次方贝塞尔曲线

其中的曲线即为二次方贝赛尔曲线，两条直线为控制线，两条直线的交点即为曲线的控制点。

7.3.2　绘制三次方贝塞尔曲线

使用 arc 方法画圆弧或者使用 quadraticCurveTo 方法画二次方贝塞尔曲线，有一个共同

的特点，就是所画的曲线只能偏向一边，如果想画波浪线或 S 形曲线就无能为力了。要想
实现这样的效果只能使用三次方贝塞尔曲线。

　　三次方贝塞尔曲线的设置方法和二次方贝塞尔曲线相似，只是三次方贝塞尔曲线有两
个控制点。示例 14 演示了三次方贝塞尔曲线的绘制方法。

示例 14

```
<!DOCTYPE html>
<html lang="en">
<head>
    <meta charset="UTF-8">
    <title>绘制三次方贝塞尔曲线</title>
</head>
<body>
    <canvas id="mycanvas" style="border:1px solid black" height="200px" width="300px"></canvas>
<script>
    var canvas=document.getElementById("mycanvas");
    var cxt=canvas.getContext("2d");
    //绘制起点、控制点、终点
    cxt.beginPath();
    cxt.moveTo(25,175); //曲线的起点 P0
    cxt.lineTo(60,80); //曲线的第一个控制点 P1
    cxt.lineTo(150,180); //曲线的第二个控制点 P2
    cxt.lineTo(170,50); //曲线的终点 P3
    cxt.strokeStyle="#999999";
    cxt.stroke();
    //绘制三次方贝塞尔曲线
    cxt.beginPath();
    cxt.moveTo(25,175); //曲线起点
    cxt.bezierCurveTo(60,80,150,180,170,50);//绘制三次方贝塞尔曲线
    cxt.strokeStyle = "#000000";
    cxt.stroke();
</script>
</body>
</html>
```

运行效果如图 7.24 所示。

　　贝塞尔曲线是计算机图形图像的基本造型工具，也是图形造型运用最多的基本线条之
一。它通过控制曲线上的四个点（起点、终点以及两个相互分离的控制点）来创造、编辑
图形。其中起重要作用的是位于曲线中央的控制线。这条线是虚拟的，中间与贝塞尔曲线
交叉，两端是控制点。移动两端的控制点时会改变贝塞尔曲线的曲率（弯曲的程度）；移
动其他控制点（也就是移动虚拟的控制线）时，贝塞尔曲线会在起点和终点锁定的情况下
做均匀移动。

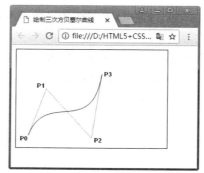

图7.24　三次方贝塞尔曲线

7.3.3　上机训练

上机练习 2——绘制折线图

需求说明

使用 Canvas 等知识，绘制如图 7.25 所示的折线图，实现思路如下。

➢ 创建 Canvas 对象，将折线图里的月份、金额、线条颜色等写在对象里，然后创建数组，再使用 for 循环遍历折线图上的文字等，从而绘制成折线图。

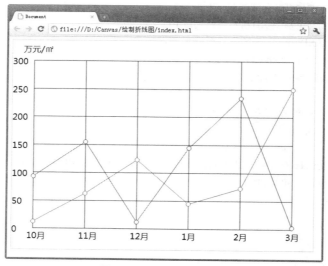

图7.25　折线图最终效果

本章作业

一、选择题

1．在 Canvas 中，使用什么方法创建绘图的上下文环境？（　　　）

    A．getContext　　　　B．lineTo　　　　C．moveTo　　　　D．stroke

2．在 Canvas 中，使用什么方法可以绘制出圆形？（　　　）

    A．rect　　　　B．fillRect　　　　C．strokeRect　　　　D．arc

3．清空画布使用什么属性？（　　　）

  A．clear   B．fillRect   C．strokeRect   D．clearRect

4．以下哪个方法可以用来绘制二次方贝塞尔曲线？（　　　）

  A．bezierCurveTo()   B．quadraticCurveTo()

  C．lineTo   D．moveTo

5．以下哪个方法可以用来绘制三次方贝塞尔曲线？（　　　）

  A．bezierCurveTo()   B．quadraticCurveTo()

  C．lineTo   D．moveTo

二、简答题

1．简述在页面中绘制描边矩形以及填充矩形的方法。

2．简述贝塞尔曲线包括哪几种？分别有什么作用。

3．使用 Canvas 等相关知识绘制如图 7.26 所示的太极图案，要求 Canvas 的宽为 400px，高为 400px。

图7.26　太极图案最终效果

 说明

  为了方便读者验证作业答案，提升专业技能，请扫描二维码获取本章作业答案。

第 8 章

Canvas 高级应用

技能目标

❖ 掌握在 Canvas 中绘制渐变图形
❖ 掌握在 Canvas 中使用图形组合
❖ 掌握在 Canvas 中绘制图像和文字
❖ 熟练使用 Canvas 绘制风景时钟效果

本章知识梳理

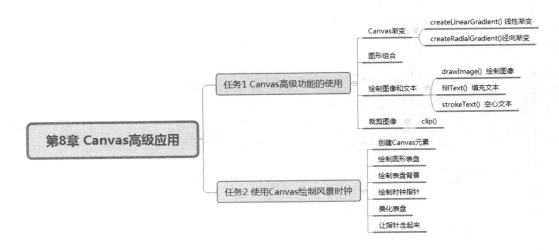

本章简介

在上一章已经讲解了 Canvas 元素的基本用法，包括绘制直线、三角形、矩形、圆形以及贝塞尔曲线，这些虽然都是 Canvas 的基本用法，但也颠覆了之前在编写 HTML 时只能添加图片的印象。然而，Canvas 的用法远不止于此，在很多时候还会用到 Canvas 更加高级的用法，比如使用 Canvas 在页面上绘图，或者运用渐变效果，如导航栏的渐变、背景颜色的渐变等。有时候又需要对图像进行一些处理，比如把图像绘制在 Canvas 上，或者直接使用 Canvas 进行绘图。本章将对 Canvas 的高级功能进行详细的讲解。

预习作业

简答题

（1）简述如何使用 Canvas 绘制渐变效果。

（2）在 Canvas 中，裁剪图像需要使用什么方法？

任务 1 Canvas 高级功能的使用

8.1.1 Canvas 渐变

渐变是指有规律性的变化。渐变的形式给人以很强的节奏感和审美情趣。渐变在日常生活中随处可见，是一种很普遍的视觉形象。由于透视的原理，物体会出现近大远小的变化，例如公路两边的电线杆及树木、建筑物的阳台、铁轨的枕木延伸到远方等，这些自然现象都具有渐变的特点。

渐变分为两种：线性渐变和径向渐变。所谓线性渐变，是指从开始地点到结束地点，颜色呈直线徐徐变化的效果。为了实现这种效果，绘制时必须指定开始和结束的颜色。而在 Canvas 中，不仅可以指定开始和结束的两点，中间的位置也能任意指定，所以可以实现各种奇妙的效果。接下来看看如何在 Canvas 中绘制线性渐变效果。

1. 线性渐变

在绘制渐变之前先创建 Canvas 元素，代码如下：

```
<!DOCTYPE html>
<html lang="en">
<head>
    <meta charset="UTF-8">
    <title>canvas 高级功能</title>
</head>
<body>
    <canvas id="mycanvas" style="border:1px solid black" height="200px" width="300px"></canvas>
</body>
</html>
```

由于本章其他示例都是在上面所示的 HTML 代码段中执行的，后续不再列出此段代码。绘制线性渐变，需要使用 createLinearGradient()方法，方法的语法结构如下所示：

语法

```
var canvasGradient =context.createLinearGradient(x0,y0,x1,y1);
```

其中，x0、y0 是渐变开始时的坐标，x1、y1 是渐变结束时的坐标。这个方法可以创建一个 canvasGradient 对象，使用这个对象的 addColorStop()方法可以添加颜色，该方法规定了 canvasGradient 对象中的颜色和位置，其语法结构如下所示：

语法

```
canvasGradient.addColorStop(stop,color);
```

stop 是介于 0.0 与 1.0 之间的值，表示渐变中开始与结束之间的一个位置；color 是在结束位置显示的 CSS 颜色值。在绘制渐变的时候，可以多次调用 addColorStop()方法来改变渐变。如果不对 canvasGradient 对象使用该方法，渐变将不可见。因此在实现渐变的时候，至少需要创建一个 addColorStop()方法，用该方法添加的颜色渐变区域被称为色标。示例 1 展示了一个简单的线性渐变。

示例 1

```
<script>
    //获得画布对象
    var canvas = document.getElementById("mycanvas");
    var context = canvas.getContext("2d");
    //设置线性渐变
    //获取 canvasGradient 对象，用于实现渐变
    var g = context.createLinearGradient(10,0,200,0);
```

```
g.addColorStop(0,'rgb(255,0,0)'); //设置从 0 开始，颜色为红色
g.addColorStop(0.5,'rgb(0,255,0)'); //在直线一半的位置处，颜色变为绿色
g.addColorStop(1,'rgb(0,0,255)'); //在直线的最末端，颜色变为蓝色
//绘制渐变线段
context.strokeStyle = g;
//绘制直线，该直线在渐变区域内
context.moveTo(10,30);
context.lineTo(200,160);
//设置直线宽度为 5px
context.lineWidth=5;
context.stroke();
</script>
```

运行效果如图 8.1 所示。

示例 1 演示了一个线性渐变的效果，先利用 context.
createLinearGradient(10,0,200,0)创建了一个渐变区域，其
中，*x* 坐标值从 10 到 200，*y* 坐标值的起止点都是 0，表
示在水平方向上渐变而在垂直方向上不渐变，再利用
addColorStop()方法绘制渐变的颜色和位置，以及渐变色
的数量。如果仅仅设置渐变，在页面上将没有任何效果，
因此，在设置渐变之后还要绘制图形，才能展示出渐变
效果。

图8.1　线性渐变

示例 1 展示了一个线段的渐变，接下来通过示例 2 展示矩形渐变的实现效果。

示例 2

```
<script>
    //获得画布对象
    var canvas = document.getElementById("mycanvas");
    var context = canvas.getContext("2d");
    //设置线性渐变
    //获取 canvasGradient 对象，用于实现渐变
    var g = context. createLinearGradient (10,0,200,0);
    g.addColorStop(0,'rgb(255,0,0)'); //设置从 0 开始，颜色为红色
    g.addColorStop(0.5,'rgb(0,255,0)'); //在直线一半的位置处，颜色变为绿色
    g.addColorStop(1,'rgb(0,0,255)'); //在直线的最末端，颜色变为蓝色
    //绘制渐变矩形
    context.fillStyle=g; //使用渐变填充
    context.rect(10,10,250,180);
    context.fill();
</script>
```

运行效果如图 8.2 所示。

示例 2 在示例 1 的基础上将线段变成了矩形，从图 8.2 可以看出，渐变都是在水平方
向发生，垂直方向没有，如果想让渐变方向发生改变，只需要修改 createLinearGradient()
方法的起始坐标和结束坐标即可。

图8.2　矩形渐变

将示例 2 的"var g = context.createLinearGradient (10,0,200,0);"代码分别改为：

var g = context.createLinearGradient(0,0,0,200); //垂直渐变

var g = context.createLinearGradient(0,0,200,200); //从左上角到右下角的渐变

context.createLinearGradient(0,0,0,200)表示水平渐变的起止坐标都是 0，垂直渐变的起止坐标为 0 和 200，也就是说在水平方向上没有渐变，在垂直方向上有渐变；而 context.createLinearGradient(0,0,200,200)表示水平渐变的起止坐标为 0 和 200，垂直渐变的起止坐标依旧为 0 和 200，也可以理解为渐变从左上角(0,0)持续到右下角(200,200)。

分别执行代码，效果如图 8.3 和图 8.4 所示。

图8.3　垂直线性渐变

图8.4　对角线线性渐变

2. 径向渐变

除了绘制线性渐变，Canvas 还可以绘制径向渐变。径向渐变是沿着圆形的半径方向向外扩散的渐变方式。比如在描绘太阳时，沿着太阳的半径方向向外扩散出去的光晕，就是一种径向渐变。径向渐变和线性渐变相似，是由圆心（或者是较小的同心圆）开始向外扩散渐变的一种效果。线性渐变指定了起点和终点，径向渐变则指定了开始圆和结束圆的圆心和半径。

绘制径向渐变，首先需要使用 createRadialGradient()方法创建 canvasGradient 对象，然后使用 addColorStop()方法上色。createRadialGradient()方法的语法如下：

语法

context.createRadialGradient(x0,y0,r0,x1,y1,r1);

createRadialGradient()方法的参数如表 8-1 所示。

表 8-1　径向渐变参数

参　　数	说　　明
x0	渐变开始圆的 x 坐标
y0	渐变开始圆的 y 坐标
r0	开始圆的半径
x1	渐变结束圆的 x 坐标
y1	渐变结束圆的 y 坐标
r1	结束圆的半径

其中，参数 x0、y0、r0 定义了一个以(x0, y0)为圆心，r0 为半径的圆；参数 x1、y1、r1 定义了一个以(x1,y1)为圆心，r1 为半径的圆。

绘制径向渐变，首先利用 createRadialGradient()方法指定渐变的首末圆得到 canvasGradient 对象，再对这个对象使用 addColorStop()方法指定各个位置的色标；最后，将 canvasGradient 对象作为 fillStyle 属性的值，对 context 对象进行填充。

示例 3 演示了在圆心为(150,100)，半径为 10px 到 100px 的区域内，添加了 3 个色标的径向渐变。

示例 3

```
<script>
    //获得画布对象
    var canvas = document.getElementById("mycanvas");
    var context = canvas.getContext("2d");
    //设置径向渐变
    //获取 canvasGradient 对象，用于实现渐变
    var g = context.createRadialGradient(150,100,10,150,100,100);
    g.addColorStop(0, "yellow"); //黄
    g.addColorStop(0.3,'rgb(255,0,0)'); //红
    g.addColorStop(0.5,'rgb(0,255,0)'); //绿
    g.addColorStop(1,'rgb(0,0,255)'); //蓝
    //绘制渐变矩形
    context.fillStyle=g;
    context.rect(50,10,200,180);
    context.fill();
</script>
```

示例 3 的径向渐变是从内部的圆开始填充到外部的矩形结束，而示例 4 则是从内部的圆开始填充到外部的圆结束的径向渐变。

示例 4

```
<script>
    //获得画布对象
    var canvas = document.getElementById("mycanvas");
```

```
var context = canvas.getContext("2d");
//设置径向渐变
//获取 canvasGradient 对象，用于实现渐变
var g = context.createRadialGradient(150,100,10,150,100,100);
g.addColorStop(0, "yellow"); //黄
g.addColorStop(0.3,'rgb(255,0,0)'); //红
g.addColorStop(0.5,'rgb(0,255,0)'); //绿
g.addColorStop(1,'rgb(0,0,255)'); //蓝
//绘制渐变圆形
context.fillStyle=g;
context.arc(150, 100, 100, 0, 2 * Math.PI, true);
context.fill();
```
</script>

示例 3 和示例 4 的效果分别如图 8.5 和图 8.6 所示。

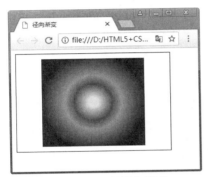

图8.5　矩形的径向渐变

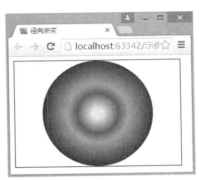

图8.6　圆形的径向渐变

　　示例 3 和示例 4 的径向渐变都是从半径为 10px 的圆开始的，从圆心到 10px 圆的区域实际上没有定义颜色，即内部使用最里面的颜色。渐变区域最外面圆的半径是 100px，而示例 3 绘制的矩形区域除去中心半径为 100px 的圆被径向渐变覆盖以外，还有圆以外的矩形部分，这部分采用最外面的颜色填充，示例 3 中采用的是蓝色填充。

8.1.2　图形组合

　　一般情况下，图形如果有重合部分，后绘制的图形会覆盖先绘制的图形，如图 8.7 所示。

图8.7　图形组合

图 8.7 中先绘制的是矩形，后绘制的是圆形，其中圆形和矩形有部分重合，重合的部分矩形被圆形覆盖。通过改变 context 对象的 globalCompositeOperation 属性可以更改图形相互组合或者覆盖的方式。目前 HTML5 标准中 globalCompositeOperation 属性共有 12 个值，即有 12 种可选的组合方式，如表 8-2 所示。其中矩形为先绘制的图形，圆形为后绘制的图形。

表 8-2　globalCompositeOperation 属性的值

属　　性	示　　例	属　　性	示　　例
source-over：这是默认设置，新图形会覆盖在原有内容之上		**destination-over**：在原有内容之下绘制新图形	
source-in：新图形中仅仅出现与原有内容重叠的部分，其他区域都变成透明的		**destination-in**：原有内容中与新图形重叠的部分会被保留，其他区域都变成透明的	
source-out：只有新图形中与原有内容不重叠的部分才会被绘制出来		**destination-out**：原有内容中与新图形不重叠的部分会被保留	
source-atop：新图形中与原有内容重叠的部分会被绘制，并覆盖于原有内容之上		**destination-atop**：原有内容中与新图形重叠的部分会被保留，并会在原有内容之下绘制新图形	
lighter：对两个图形中的重叠部分做加色处理		**darker**：对两个图形中的重叠部分做减色处理	
xor：重叠的部分会变成透明		**copy**：只有新图形会被保留，其他部分都被清除掉	

这几个属性的用法基本相同，只是效果不同，以 destination-over 为例，其功能是让原始图形覆盖目标图形，如示例 5 所示。

示例 5

```
<script>
    var canvas = document.getElementById("mycanvas");
    var cxt = canvas.getContext("2d");
    cxt.beginPath();
    cxt.rect(50, 50, 150, 100); //绘制第一个矩形
    cxt.fillStyle = "red";
    cxt.fill();
    cxt.globalCompositeOperation="destination-over"; //设置图形组合
    cxt.beginPath();
    cxt.arc(200, 150, 50, 0, Math.PI * 2); //绘制圆形
    cxt.fillStyle = "pink";
    cxt.fill();
</script>
```

示例 5 演示了 destination-over 的效果，绘制组合图形时，原始图形会覆盖新图形。显示效果为原始图形在上，新绘制的目标图形在下，如图 8.8 所示。

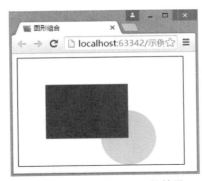

图8.8　destination-over的效果

其他几个属性的用法与 destination-over 相同，读者可以自行验证，在此不一一演示。

8.1.3　Canvas 绘制图像

在 HTML5 中，除了可利用 Canvas 绘制矢量图形之外，还可以在 Canvas 上绘制图像。使用 Canvas 绘制图像需要用到 canvasRenderingContext2D 对象的主要属性和方法，也可以使用 drawImage()方法，该方法具有三种不同的重载方法，每种方法接收的参数不同，实现的效果也不同。第一种重载只接收要绘制的图像和在 Canvas 上绘制的坐标。语法结构如下：

    canvas.drawImage(image,x,y);

drawImage()方法以 Canvas 上指定的坐标点(x,y)开始，按照图像的原始尺寸大小绘制整个图像。这里的 image 可以是 Image 对象，也可以是 Canvas 对象，以下提到的 image 和此处的相同。

下面的代码演示了 drawImage()方法的用法：

var img = new Image(); //创建图片对象

img.src = "img/img.jpg"; //将 img 文件夹中的 img.jpg 图片添加到 Image 对象中

canvas.drawImage(img,10,10); //在 canvas 中(10,10)的位置处绘制 img

drawImage()方法的第二种重载在第一种重载的基础上增加了指定绘制图像大小的功能，语法结构如下：

canvas.drawImage(image, x, y, width, height);

以 Canvas 上指定的坐标点(x,y)开始，以指定的宽度 width 和高度 height 绘制整个 image 图像，图像将根据指定的尺寸自动进行相应的缩放。使用方法如下：

canvas.drawImage(img,10,10,200,100);/*在 Canvas 中(10,10)的位置处绘制 img，指定绘制图像的大小为宽 200px，高 100px*/

第三种重载方法的语法结构如下：

canvas.drawImage(image,imageX,imageY,imageWidth,imageHeight,canvasX,canvasY, canvasWidth,canvasHeight);

前两种重载方法是把整个图像绘制在 Canvas 中，而第三种重载方法是在图像的指定位置剪切指定大小的部分图像，并在画布上定位绘制被剪切的部分。

➢ 指定要剪切的图像部分，即以(imageX, imageY)为左上角坐标，宽度为 imageWidth，高度为 imageHeight 的矩形部分。

➢ 将剪切部分绘制到 Canvas 中以(canvasX，canvasY)为左上角坐标，宽度为 canvasWidth，高度为 canvasHeight 的矩形区域中。

下面对上述三种重载方法分别举例说明。首先，使用 drawImage(image,x,y)方法在 Canvas 上绘制图像（原始尺寸为 800px×513px）。

示例 6 演示了将图 8.9 绘制到 Canvas 中。

图8.9 原始图片

示例 6

```
<script>
    //获取 canvas 对象（画布）
    var   canvas = document.getElementById("mycanvas");
    //获取对应的 canvasRenderingContext2D 对象（画笔）
    var   ctx = canvas.getContext("2d");
    //创建新的图片对象
    var   img = new Image();
```

```
//指定图片的 URL
img.src = "scence.jpg";
//浏览器加载图片完毕后再绘制图像
img.onload = function () {
    //以画布上的坐标(10,10)为起点绘制图像
    ctx.drawImage(img, 10, 10);
}
</script>
```

运行效果如图 8.10 所示。

图8.10　不修改大小的图像效果

示例 6 中 img 使用了 img.onload 事件加载 drawImage()方法,是因为图片加载是异步的。如果不使用 onload 事件,相当于在图片没有加载完毕时就调用了 drawImage()方法,这样不能加载图片,也就不能绘图。由于图 8.9 所示的图像过大,超过了 Canvas 的尺寸范围,因此图 8.10 中只能显示出图像的一部分。如果要显示完整的图像,就要将绘制的图像缩小,这时可以使用第二种重载方法将图像缩小到指定的宽度和高度,并绘制到 Canvas 中,如示例 7 所示。

示例 7

```
<script>
    //获取 canvas 对象（画布）
    var   canvas = document.getElementById("mycanvas");
    //获取对应的 canvasRenderingContext2D 对象（画笔）
    var   ctx = canvas.getContext("2d");
    //创建新的图片对象
    var   img = new Image();
    //指定图片的 URL
    img.src = "scence.jpg";
    //浏览器加载图片完毕后再绘制图像
    img.onload = function () {
        //以画布上的坐标(0,0)为起点，绘制图像
        //图像的宽度和高度分别缩放到 350px 和 250px
        ctx.drawImage(img, 0, 0, 350, 250);
    }
</script>
```

显示效果如图 8.11 所示。示例 6 和示例 7 都是将完整的图像绘制到 Canvas 中，但有时候只需要绘制整张图像的一部分内容。下面通过示例 8 演示一下使用第三种重载方法将指定的部分图像绘制到 Canvas 中。

图8.11　绘制指定大小的图像效果

示例 8

```
<script>
    //获取 canvas 对象（画布）
    var canvas = document.getElementById("mycanvas");
    //获取对应的 canvasRenderingContext2D 对象（画笔）
    var ctx = canvas.getContext("2d");
    var img = new Image(); //创建新的图片对象
    img.src = "scence.jpg"; //指定图片的 URL
    //浏览器加载图片完毕后再绘制图像
    img.onload = function () {
        /*将 img 中从(100,100)位置开始，宽度为 150px，高度为 100px 的部分图像绘制到canvas 中
        的(10,10)位置处，并且宽和高分别是 150px 和 100px*/
        ctx.drawImage(img,100, 100, 150, 100, 10, 10, 150, 100);
    };
</script>
```

示例 8 将图像左侧的部分（即以(100,100)为左上角坐标，宽度为 150px，高度为 100px 的部分图像）绘制到 Canvas 中以(10,10)为左上角坐标，宽度为 150px，高度为 100px 的矩形区域。若 Canvas 绘制图像的目标区域的宽度和高度与截取的部分图像尺寸一致，就表示不进行缩放，只在原始尺寸的基础上截取部分图像。效果如图 8.12 所示。

图8.12　截取图像效果

8.1.4 裁剪图像

在 HTML5 Canvas 中，裁剪区（clip region）可用于限制图像描绘的区域。clip()方法从原始画布中剪切任意形状和尺寸的区域。一旦剪切了某个区域，之后的所有绘图都会被限制在被剪切的区域内（不能访问画布上的其他区域）进行。使用 clip()方法时，先选择一片区域，然后使用如 rect()之类的函数选择一片矩形区域，再使用 clip()函数将该矩形区域设定为裁剪区。设定裁剪区之后，无论在 Canvas 元素上画什么，只有落在裁剪区内的那部分内容才能得以显示，其余部分都会被遮蔽掉。示例 9 演示了 clip()的用法。

示例 9

```
<script>
    //获取 canvas 对象（画布）
    var canvas = document.getElementById("mycanvas");
    //获取对应的 canvasRenderingContext2D 对象（画笔）
    var ctx = canvas.getContext("2d");
    //在(150,100)位置绘制半径为 50px 的圆作为裁剪区
    ctx.arc(150,100,50,0,2*Math.PI);
    ctx.stroke();
    ctx.clip();//绘制裁剪区
    //绘制背景
    //创建新的图片对象
    var img = new Image();
    //指定图片的 URL
    img.src = "scence.jpg";
    //浏览器加载图片完毕后再绘制图像
    img.onload = function () {
        ctx.drawImage(img,0, 0, 350, 250);
    };
</script>
```

运行效果如图 8.13 所示。

图8.13　裁剪圆形效果

8.1.5　Canvas 绘制文本

HTML5 中的 Canvas 支持对 text 文本进行渲染，就是把文本绘制在画布上，并像图形一样处理它（可以加 shadow、color、fill 等效果）。

在 Canvas 上添加文本有两种方式。

fillText()方法：在画布上绘制填色的文本，文本的默认颜色是黑色，语法结构如下：

context.fillText(text,x,y,maxWidth);

strokeText()方法：在画布上绘制不带填充颜色的文本，文本的默认颜色也是黑色，语法结构如下：

context.strokeText(text,x,y,maxWidth);

这两个方法都具有如表 8-3 所示的参数。

表 8-3　方法参数

参　　数	说　　明
text	规定在画布上输出的文本
x	开始绘制文本的 x 坐标位置（相对于画布）
y	开始绘制文本的 y 坐标位置（相对于画布）
maxWidth	可选，允许的最大文本宽度，以像素计

关于文本的字体属性的设置可以使用 Canvas.font 属性，该属性的用法与 CSS 中的 font 类似，用法如下：

context.font = "italic bold 24px serif"; //设置字体、加粗、字号、斜体。

context.font = "normal lighter 50px cursive";

fillText()方法通常与 fillStyle 属性搭配使用来设置文本的填充颜色。StrokeText()方法通常与 strokeStyle 属性搭配使用来设置文本的描边效果。示例 10 演示了分别使用 fillText()方法和 strokeText()方法在 Canvas 中绘制文本，读者可以对比查看一下。

示例 10

```
<script>
    //获得画布对象
    var   canvas = document.getElementById("mycanvas");
    var   cxt = canvas.getContext("2d");
    //设置字体是宋体，60px
    cxt.font="60px 宋体";
    //在(20,50)的位置绘制文本
    cxt.fillText("Hello Word",20,50);
    //设置线性渐变
    var g=cxt.createLinearGradient(0,60,300,200);
    //绘制色标
    g.addColorStop(0,"red");
    g.addColorStop(0.5,"green");
    g.addColorStop(1,"blue");
    cxt.fillStyle=g;
```

```
//添加填充渐变文本
cxt.fillText("Hello Word",20,100);
//添加描边渐变文本
cxt.strokeStyle=g;
cxt.strokeText("Hello Word",20,150);
</script>
```

示例 10 绘制了三行文本，第一行是普通的文本，第二行是使用 fillText()方法加上渐变效果的填充文本，第三行是使用 strokeText()方法加上描边效果的文本。效果如图 8.14 所示。

图8.14　绘制文本

任务2 使用 Canvas 绘制风景时钟

本章前面讲解了 Canvas 的图形效果操作，如渐变、组合以及绘制图像和文本。本任务将利用所学知识制作一个综合性的风景时钟。最终效果如图 8.15 所示。

图8.15　风景时钟效果图

绘制风景时钟的主要步骤如下。

（1）在页面上添加 Canvas，设置宽度和高度。

（2）绘制圆形表盘。

（3）使用图片作为表盘背景。

（4）利用线段和旋转绘制时针刻度和分针刻度。

（5）利用直线绘制时针、分针和秒针，并根据当前的小时数、分钟数、秒数分别设置各个指针的角度。

（6）将单调的表盘美化。

（7）使用 setInterval()方法，每隔 1 秒执行一次方法，使秒针具有转动效果。

通过这 7 个步骤，就可以实现风景时钟的制作开发。接下来看一看其中的关键技术分析。

（1）添加 canvas 标签。

```
<canvas id="clock" width="500" height="500" style="background-color:black;"></canvas>
```

添加 JavaScript 代码来获取 Canvas 对象以及 Canvas 上下文对象 context，添加 drawClock()方法。代码如下：

```
<script>
    var canvas = document.getElementById("clock");
    var cxt = canvas.getContext("2d");
    function drawClock() { }
</script>
```

（2）绘制钟表的表盘，圆心为(250,250)。关键代码如下：

```
cxt.strokeStyle = "#00FFFF"; //设置矩形颜色
cxt.lineWidth = 10; //设置边线宽度
cxt.beginPath();
cxt.arc(250,250,200,0,360); //绘制圆形
cxt.stroke();
cxt.closePath();
cxt.clip(); //裁剪圆形
```

效果如图 8.16 所示。

（3）从画布左上角开始绘制一张宽 420px、高 420px 的图片，由于使用 clip 进行了裁剪处理，只能显示圆形表盘部分，如图 8.17 所示。

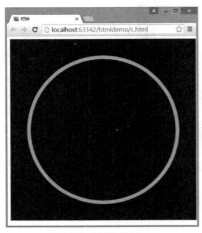

图8.16　表盘效果

图8.17　表盘加入背景

（4）添加刻度。钟表由时针刻度和分钟刻度组成，因此需要绘制时针刻度和分针刻度，而且由于表盘是圆形，因此时针刻度和分针刻度都需要具有旋转效果。

表盘上只有 12 个时针刻度，而表盘呈圆形 360°，所以每次只旋转 30°，代码如下所示：

```
for (var i = 0; i < 12; i++) { //表盘上有 12 个刻度，因此要循环 12 次
    cxt.save(); //保存当前状态
    cxt.lineWidth = 7; //设置时针刻度宽度
    cxt.strokeStyle = "#FFFF00";
    //设置原点
    cxt.translate(250, 250);
    //设置旋转角度
    cxt.rotate(30 * i * Math.PI / 180);//弧度=角度*Math.PI/180
    cxt.beginPath();
    cxt.moveTo(0, -175);
    cxt.lineTo(0, -195);
    cxt.stroke();
    cxt.closePath();
    cxt.restore();//把原始状态恢复回来
}
```

这段代码的功能是用短直线表示时针刻度，先使用 translate()方法将坐标原点位移到 (250,250)，再以此为圆心将 Canvas 旋转(30*i*Math.PI/180)°。

这里要注意 save()和 restore()方法的使用。save()方法先保存状态，再进行位移旋转等变换，变换完成后恢复原始状态。如果不使用 save()和 restore()方法，每一次变换都将基于上一次变换，这样实现一个表盘刻度会比较困难，需要重新设置位移和旋转角度。

分钟刻度的做法和时针刻度的做法完全相同，只是刻度的角度不同，一小时 60 分钟，也就是表盘上一圈有 60 个刻度，分针每次旋转 6°。所以，分钟刻度的弧度计算方式是： i*6*Math.PI/180（i 为当前分钟数）。

分钟刻度的代码和时针刻度的代码基本相同，只需要将计算小时的代码改换成分钟的代码即可。效果如图 8.18 所示。

图8.18　添加刻度

（5）绘制时针、分针和秒针。由于时针、分针和秒针都要转动，所以需要设计表针旋转的位置，首先获取系统时间，代码如下：

```
var now = new Date(); //获取时间对象
var sec = now.getSeconds(); //获取当前秒数
var min = now.getMinutes(); //获取当前分钟数
var hour = now.getHours(); //获取小时数
//由于表盘只有 12 小时，因此大于 12 的时间将从 0 开始计算，比如 13 点就是 1 点
hour > 12 ? hour - 12 : hour;
//在不是整点的时候时针在两个时钟刻度之间，因此要计算小数位的小时，为后面的计算做准备
hour += (min / 60);
```

由于每一秒要绘制一次秒针的位置，不清空会导致重复绘制，因此在绘制之前需要清空画布。

```
cxt.clearRect(0, 0, canvas.width, canvas.height);//清空整个矩形的画布
```

获取时间以后可根据具体时间绘制表针的旋转角度。以小时为例，每小时时针旋转30°，计算方法为：hour * 30 * Math.PI / 180。

此处的 hour 是上文获取的当前小时数，代码如下：

```
cxt.lineWidth = 7;
cxt.strokeStyle = "#00FFFF";
cxt.translate(250, 250);
cxt.rotate(hour * 30 * Math.PI / 180);//每小时旋转 30 度
cxt.beginPath();
cxt.moveTo(0, -130);
cxt.lineTo(0, 10);
cxt.stroke();
cxt.closePath();
cxt.restore();
```

利用直线绘制时针、分针和秒针，绘制方法基本相同，区别是每次旋转的角度和旋转间隔时间不同，分针每一分钟移动一个刻度，秒针每一秒移动一个刻度，分针和秒针旋转角度的计算方法分别为：min * 6 * Math.PI / 180，sec * 6 * Math.PI / 180。

其中 min 和 sec 分别指当前的分钟数和秒钟数。对于分针及秒针的代码，读者可参照时针的代码编写，此处不再列出，效果如图 8.19 所示。

图8.19　添加时针、分针和秒针

图 8.18 中所示的时针、分针和秒针看起来比较单调，下面给指针加上一些装饰。

```
//美化表盘，画中间的小圆
cxt.beginPath();
//绘制圆形
cxt.arc(0, 0, 7, 0, 360);
//填充颜色
cxt.fillStyle = "#FFFF00";
cxt.fill();
//边线颜色
cxt.strokeStyle = "#FF0000";
cxt.stroke();
cxt.closePath();
//秒针上的小圆
cxt.beginPath();
cxt.arc(0, -140, 7, 0, 360);
cxt.fillStyle = "#FFFF00";
cxt.fill();
cxt.stroke();
cxt.closePath();
cxt.restore();
```

上面的代码分别在表盘中心和秒针上画小圆来装饰整个表盘，最终显示效果如图 8.20 所示。

图8.20　美化指针

由于秒针是每秒旋转一次，因此需要使用 setInterval()方法每间隔一秒循环执行一次 drawClock()方法。

```
drawClock();
setInterval(drawClock, 1000);
```

到这里，风景时钟基本就制作完成了。读者可以扫描二维码观看风景时钟制作步骤的视频讲解。

风景时钟
视频讲解

本章作业

一、选择题

1. 以下选项中，哪个是线性渐变的方法？（　　　）

　　A．createLinearGradient()　　　　　　B．createRadialGradient()

　　C．Linear Gradients　　　　　　　　　D．Radial Gradients

2. 以下选项中，哪个是径向渐变的方法？（　　　）

　　A．createLinearGradient()　　　　　　B．createRadialGradient()

　　C．Linear Gradients　　　　　　　　　D．Radial Gradients

3. 在 Canvas 图形组合中，对于 destination-out 说法正确的是（　　　）。

　　A．新图片会覆盖在原有内容之上

　　B．会在原有内容之下绘制新图形

　　C．原有内容中与新图形重叠的部分会被保留，其他区域都变成透明的

　　D．原有内容中与新图形不重叠的部分会保留

4. 在 Canvas 中，使用什么方法可以绘制图像？（　　　）

　　A．drawImage()　　　B．image（）　　　C．drawImages()　　　D．iamges()

5. 使用什么方法可以绘制出带填充颜色的文本？（　　　）

　　A．fill（）　　　　　B．fillText（）　　　C．stroke（）　　　　D．strokeText（）

二、简答题

1. 简述绘制渐变的两种方法，分别如何使用。

2. 在 Canvas 中裁剪图像使用什么方法？

3. 使用 Canvas 等相关知识制作如图 8.21 和图 8.22 所示的刮刮乐效果，要求如下。

（1）Canvas 画布的宽为 100%，即浏览器窗口的宽度，高度为 200px。

（2）Canvas 画布的颜色为灰色，画布下奖品的背景颜色为红色，效果如图 8.21 所示。

（3）当手指刮去的灰色区域大于 60% 时，灰色画布自动清除，效果如图 8.22 所示。

（4）奖品分为一等奖、二等奖、三等奖和谢谢惠顾，需要做成数组，且刮出来的奖品是随机的。

图8.21　Canvas画布背景及奖品背景

图8.22　Canvas画布自动清除

提示：

（1）因为刮刮乐效果是在移动端呈现的，会用手指去刮，所以需要在 HTML 里添加

meta 标签，如下：

    <meta　name="viewport"　content="width=device-width,initial-scale=1.0,minimum-scale=1.0,maximum-scale=1.0,user-scalable=no"/>

    <meta http-equiv="X-UA-Compatible" content="IE=edge,chrome=1"/>

    <meta name="format-detection" content="telephone=no"/>

    <meta name="format-detection" content="email=no"/>

（2）当手指在移动端设备上去刮时，触发以下两个移动端事件。

touchstart：当手指触摸屏幕时。

touchmove：当手指在屏幕上连续不断地触发时。

（3）移动端手指触发的具体位置（x、y 坐标）使用以下方法获取。

X=e.touches[0].clientX;（x 轴坐标）

Y=e.touches[0].clientY;（y 轴坐标）

备注：e 是 event 对象。

说明

    为了方便读者验证作业答案，提升专业技能，请扫描二维码获取本章作业答案。